新疆农业职业技术学院现代学徒制试点学徒岗位教材

园路广场施工学徒岗位手册

张　琴　张　越　主编

中国农业大学出版社
·北京·

内容简介

本书以高等职业教育学徒培养的目标进行定位，即培养可独立承担行业内具体工作的实用性人才，以适应近几年高职现代学徒制培养模式改革的力度，增强学生的职业能力。本书以工作过程形式进行编排，将步入企业和对学徒岗位的认识纳入其中，以工作任务为载体，并附以对应的业务知识、业务经验和案例分析。此外，书中还配有工作记录单、行业典型人物介绍等。

本书适用于高等职业院校园林工程技术专业施工员岗位学徒使用，也适用于初入园林工程行业的工作人员使用。

图书在版编目(CIP)数据

园路广场施工学徒岗位手册/张琴，张越主编. -- 北京：中国农业大学出版社，2023.3
ISBN 978-7-5655-2965-8

Ⅰ.①园… Ⅱ.①张… ②张… Ⅲ.①园林-工程施工-手册 ②广场-工程施工-手册 Ⅳ.①TU984.18-62

中国国家版本馆 CIP 数据核字(2023)第 042968 号

书　　名　园路广场施工学徒岗位手册
作　　者　张　琴　张　越　主编

策划编辑　康昊婷　　　**责任编辑**　陈颖颖
封面设计　郑　川
出版发行　中国农业大学出版社
社　　址　北京市海淀区圆明园西路 2 号　　　**邮政编码**　100193
电　　话　发行部 010-62733489,1190　　　读者服务部 010-62732336
　　　　　　编辑部 010-62732617,2618　　　出　版　部 010-62733440
网　　址　http://www.caupress.cn　　　**E-mail** cbsszs@cau.edu.cn
经　　销　新华书店
印　　刷　运河(唐山)印务有限公司
版　　次　2023 年 4 月第 1 版　　2023 年 4 月第 1 次印刷
规　　格　180 mm×255 mm　　16 开本　　10.75 印张　　215 千字
定　　价　33.00 元

编 写 人 员

主　编　张　琴（新疆农业职业技术学院）

　　　　　张　越（新疆农业职业技术学院）

副主编　黄　磊（新疆新盛霖市政工程有限公司）

　　　　　丁明连（新疆新盛霖市政工程有限公司）

　　　　　周承斌［乌鲁木齐经济开发区（乌鲁木齐市头屯河区）建设局］

参　编　张　凯（新疆新盛霖市政工程有限公司）

　　　　　芦永德（新疆新盛霖市政工程有限公司）

　　　　　李泽浪（新疆新盛霖市政工程有限公司）

　　　　　李文纲（新疆新盛霖市政工程有限公司）

前 言

园路广场施工是农林类园林工程学徒培养的一门重要的专业课程。本书是园路广场施工课程的配套教材，以高等职业教育学徒培养的目标进行定位，即以培养可独立承担行业内具体工作的实用性人才为目标进行编写。

本书适应近几年高职现代学徒制培养模式改革的需求，以增强学生职业能力为目标，在内容的选择和组织上以工作过程为导向，将步入企业和认识岗位纳入其中，以学徒的认知规律和职业能力形成为主线，以工作任务为载体，将工作程序与方法要求单独提炼出来，并附以对应的业务知识、业务经验和案例分析。本书将职业素质的培养贯穿在学徒培养的全过程中，使学徒的学习既有明确的知识目标，又有针对性的技能目标和素质目标，能够提高学徒解决实际问题的能力，从而提高学徒的职业素质。

本书编写中参考了很多相关文献资料，在此向有关作者表示由衷的感谢！

由于水平和时间有限，本书不妥之处在所难免，敬请广大读者提出宝贵意见。

编 者

2022 年 5 月

目　录

49 第三部分 学徒工作学习任务

138 参考文献

139 附录

第一部分

The first part

The first part

步入企业

The first part

The first part

入职培训专题 1
我国园林行业发展现状

一、 行业概况

园林行业市场空间巨大，整个园林行业划分为市政园林、地产园林和生态修复 3 大方向，按照投资主体不同，将园林行业细分为市政园林、地产园林、生态修复类园林、企事业单位类园林和私家园林，如图 1-1 所示。

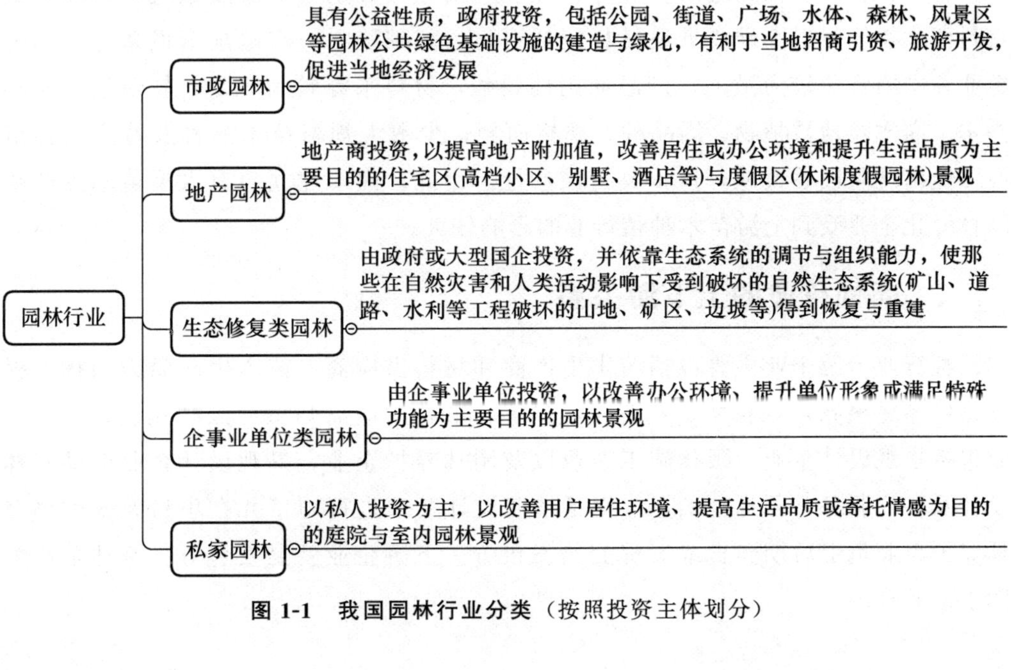

图 1-1 我国园林行业分类（按照投资主体划分）

"十三五"期间每年园林行业的市场空间合计估算在4500亿元，但由于行业进入门槛低，缺乏行业标准体系的约束，园林行业整体呈现"大行业、小公司"的格局。

二、 产业链

园林绿化行业产业链的产品及服务示意图如图1-2所示。

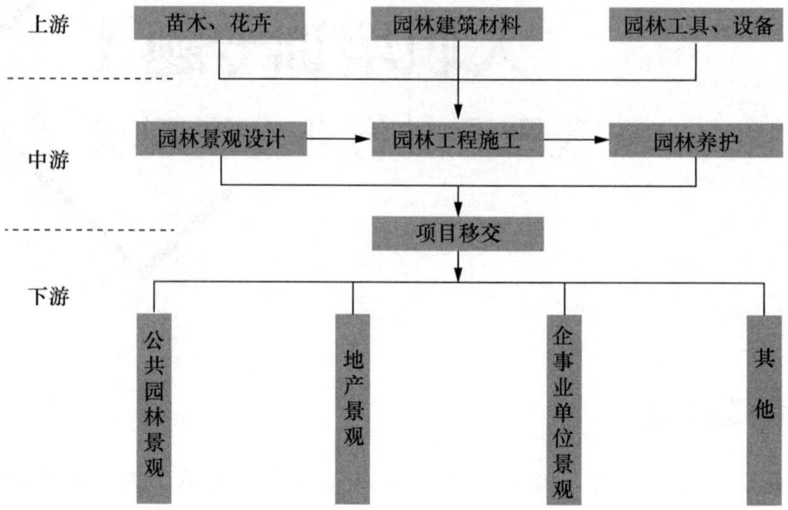

图1-2 园林绿化行业产业链的产品及服务示意图

园林工程施工包括园建工程和绿化工程两部分，分别对应硬质景观材料和软质景观材料两大类原材料。硬质景观材料包括石材、基础建材、水电配套设备等，相关材料企业在国内竞争较为激烈，产品通用性较强，材料来源较为充足；软质景观材料包括乔木、灌木及地被植物，因品种、规格而异，少数大规格苗木品种及特定品种苗木资源可能出现阶段性紧缺，市价具有波动性。因此，尚未建立自有大型苗木生产基地的园林绿化企业受到上游苗木种植行业的影响较大。

三、 所处行业的上下游关系

园林行业上游企业主要包括苗木生产商和材料供应商。苗木生产商为园林工程承包商提供园林植物，如苗木、花卉、盆景等，材料供应商则供应园林建筑材料。中游企业包括景观设计企业、园林施工企业以及园林养护企业。景观设计企业提供园林项目设计及咨询服务，园林施工企业则是按照设计要求进行施工并在项目完成后移交给园林养护企业负责后期养护或者移交给发包方。下游企业就是发包方。园林企业关系如图1-3所示。

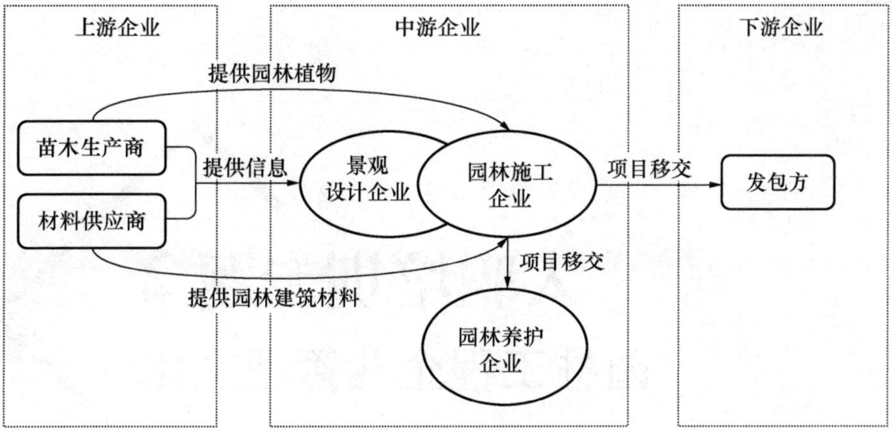
上游企业
中游企业
下游企业
提供园林植物
苗木生产商
提供信息
材料供应商
景观
设计企业
园林施工
企业
项目移交
发包方
项目移交
提供园林建筑材料
园林养护
企业

图 1-3　园林企业关系

入职培训专题 2

园林工程企业管理文化

第一节 我国园林工程公司的组织构架

园林绿化工程公司一般拥有经理 1 人，后勤办公室主管 1 人，其项目工程师、技术员、工长、库管员、工人人数根据绿化工程项目数量的增加而增加。园林绿化工程公司基本组织架构如图 1-4 所示。

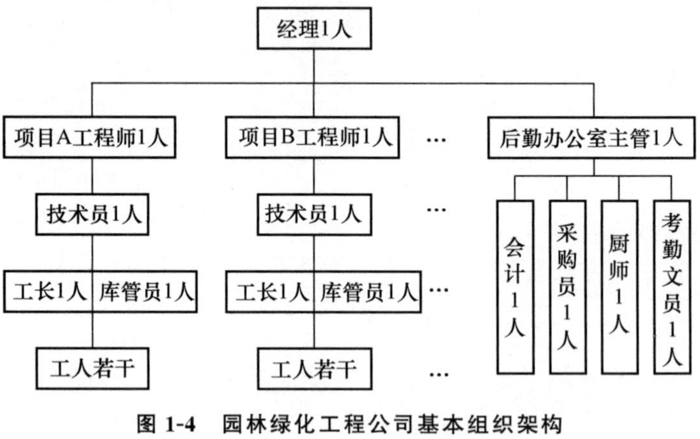

图 1-4　园林绿化工程公司基本组织架构

一、 工程师

每个项目至少 1 人，前期至少需要 1 人，主要负责绿化现场的全面管理。

任职条件：园林绿化相关专业，具有 5 年以上的绿化施工现场管理经验，熟悉苗木及绿化施工程序。

职责：

（1）对各项目部的安全施工、质量管理、技术管理、工地文明、工程资料、机械设备、材料管理、成本核算等统抓共管。主持制定项目的施工组织设计，质量计划，总体计划及年、季、月施工进度计划，并按计划组织实施。

（2）按设计图、施工规范、施工组织设计（方案）质量安全标准组织施工，指导管理区内作业，对绿化工程或承担的分部工程施工质量安全负直接责任。

（3）严格把控绿化工程的施工情况，对工程进度和安全生产情况进行目标管理和评估考核。

（4）及时妥善处理工程事故及其他影响施工生产的纠纷。

（5）掌握并汇总施工进度、人员用工、财政支出等情况，负责劳动力、原材料、机械设备、能源、资金五大定额的管理，组织把关项目的成本、原材料、机械费用、人工费、管理费等各项费用的核算工作，控制成本。

（6）负责各部门之间的资源调配，与工程管理涉及的相关部门、单位进行沟通平衡。

（7）负责办理工程技术资料签证手续，监督项目部做好资料的收集完善和管理工作，领导项目部办好工程结算、交工验收和工程保修。

（8）熟悉本地区树种、植被的特性，熟悉相关景观设计规范。

（9）确保工程苗木的成活率，按规范严格进行养护。

（10）能够掌握园林树木病虫害防治及养护相关专业能力。

（11）处理工程部的日常管理工作。

（12）完成领导临时交办的其他事务。

二、 技术员

任职条件：园林相关专业，具有3年以上绿化现场施工经验，熟悉绿化工程施工流程及重点注意事项，能做园林绿化预算。

职责：

（1）熟悉施工图纸及施工规范标准，对图纸所存在的问题做好详细记录，并能按照图纸进行现场放线。

（2）编制日施工作业计划，做好施工中人员、材料、机具、设备的计划、申请、进场和使用。

（3）合理安排流水作业、交叉作业，在当天及时处理施工难点、关键部位等的技术问题，确保分管工程的月、旬、周工程进度。

（4）指导工人按技术质量安全标准操作，纠正一切违章指挥、违章作业行为。

（5）认真详细填写施工日记，对主要工序的施工过程不得遗漏后补。

（6）熟悉施工图，精通定额、预算软件和有关文件规定，深入施工现场了解实际情况，及时准确地完成施工图预结算。

（7）合理套用定额，无错项、漏项，及时编制设计变更补充预算，做好完整、高质量的月结算和竣工结算。

（8）严格执行市场价预算，研究预算用工价差。

（9）及时办理各种签证手续，确保结算准确。

（10）熟练掌握常用绿化机械、工具、用具的使用和维护。

（11）能熟练操作各种喷药设备，熟悉常规病虫害的症状，熟悉常规杀虫剂、杀菌剂、除草剂的使用要求和使用方法。

（12）熟悉树木及园林景观的种植、维护及栽培。

（13）完成领导交办的其他事务。

三、 后勤办公室主管

职责：

（1）全面负责办公室的日常工作，协助经理统一管理后勤各项工作。

①组织制订办公室年度、月度工作目标及工作计划，并组织实施；

②协助起草公司各项管理规章制度并监督实施；

③参与公司重大决策的研讨和制定；

④负责组织外事接待活动，妥善处理各种对外事务；

⑤审核、控制公司办公费用及接待费用；

⑥负责向有关政府部门的项目申报、年检、申领各类证照，完成批文手续等事宜。

（2）协调公司各部门之间的关系。

①负责组织各部门的信息传递工作，保证各部门信息沟通顺畅；

②协调各部门的工作行为，使工作流程顺畅，实现共同的战略目标；

③负责公司的年终总结工作，包括会议安排及跟催各部门编写总结报告。

（3）负责公司对外形象宣传、公共关系和公司企业文化建设。

①代表公司与相关部门、上下级单位往来，保持与相关企业的良好合作关系；

②负责公司的对外工作，协调公司与政府部门及其他企业的关系；

③协助经理组织公司企业文化建设，提炼和宣传企业理念，负责各种活动的举办，提高员工凝聚力。

（4）协助经理进行人员的招聘、任免等。

（5）负责组织并统一协调公司招投标过程相关工作。

（6）协助经理统管财务、采购、库房、后勤、伙食、考勤等工作。

四、 采购员

负责苗木采购。

任职条件：熟悉北方地区的苗木特性、产地、价格，有一定的苗木采购经验。

职责：

（1）及时了解材料供应市场苗木价格变化及产品品质情况，挖掘、收集新产品和新材料供应商的资料，熟悉各种物资的供应渠道，做到供需心中有数。

（2）调查研究各部门物资需求及消耗情况，审核物资采购计划，报经理批准后组织实施。

（3）参与大批量物资订货的业务洽谈，监督、检查合同执行和落实情况。

（4）严格控制采购成本，保证产品质量和供货商的合法性，确保公司物资的正常采购。

（5）掌握工程的总计划及月、周计划，根据工程材料采购计划和现场工程变更情况按时供应，会同项目部对材料产品进行质量报验。

（6）负责有关生产的材料询价，提供供应商和分供方的相关资质、质量及技术资料，参与采购谈判，负责所购材料、设备的跟踪服务。

（7）在接到采购计划后，明确材质、数量和使用要求，及时询价并掌握库存情况，货比三家确定价格，报经理批准后进行采购。

（8）材料到达后立即和库管员、工程师、技术员办理入库验收，并完善相关手续。对购进不符合要求的材料，要立即解决，杜绝用在工程中。

（9）根据批准计划，代交项目现场的施工水电费、临时机械租用费、房租费和购买办公用品费等。

（10）对现场的物资和机具的租赁要交付到库，同时尽到提醒归还义务。

（11）完成领导交办的其他任务。

五、 库管员

每个项目现场需要库管员1人，负责现场库房及材料的管理。

职责：

（1）熟悉掌握常用物资的品种、规格、用途和性能及验收标准、规范。

（2）建好材料台账，做到账、卡、物相符，妥善保管原始账据。

（3）负责现场库房材料的防火、防盗工作，掌握基本防火知识及技能，及时采取措施，消除各种安全隐患，做好材料的堆放、防潮工作。

（4）负责材料的验收、保管、建档等工作。

（5）严格按材料发放制度进行材料的发放，对违反公司领料制度、超量领用材料等行为有权拒绝发料，并及时向上级主管汇报。

（6）负责对库房各种物资进行定期盘点，对项目部的材料进行库存核对，注明库存量。

（7）正确填写材料报表，按材料消耗定额控制现场材料合理使用。

（8）负责做好余料的回收工作。

（9）完成项目经理交办的其他任务。

六、工长

每个项目配备工长1人，主要负责绿化工人具体的工作安排、调配、安全，需要有一定的工人管理经验和绿化知识。

七、工人

根据工程量，每个工程项目需要10～15人，工程进度要求紧时可临时雇用。

第二节　我国园林工程公司的经营模式

一、业务承接

园林绿化企业通过已经建立的各种业务渠道、信息网络、公开信息和客户关系等，广泛收集景观设计、园林工程施工、绿化养护项目的信息，并由经营部业务专员进行跟踪工作，尽可能收集项目背景材料以及来自业主方的相关信息和要求。同时，由于知名企业在国内园林绿化行业已具有一定的知名度和良好的口碑，发包方在一些景观设计和工程施工项目招标时，也会主动向这类企业发出竞标邀请。园林绿化企业在全面了解发包方的要求，对工程的具体交工进度、技术质量要求和资金成本水平进行分析后，做出是否参与市场竞标的决策。

二、组织投标

在确定承接工程后，园林绿化企业招标部门认真研究工程条件、工程施工范围、工程量、工期、质量要求及合同主要条件等，依次开展以下工作：

（1）调查投标环境，着重调查施工现场。调查现场地理位置、地质条件、交通情况，现场临时供电、供水设施情况，当地劳动资源和材料供应、材料价格等各个方面，以确定投标策略。

（2）编制施工计划，制订施工方案。在核实工程量的基础上合理、规范、可行地制订施工方案，编制施工计划。

（3）编制投标文件。公司依据招标文件和工程技术规范要求，根据编制的施工方案或施工组织设计，计算投标报价和编制投标文件。

（4）投送投标文件。公司在规定的日期内将投标文件密封送达招标单位或其指定的地点。

（5）参与开标会议。

工程承接流程图如图 1-5 所示。

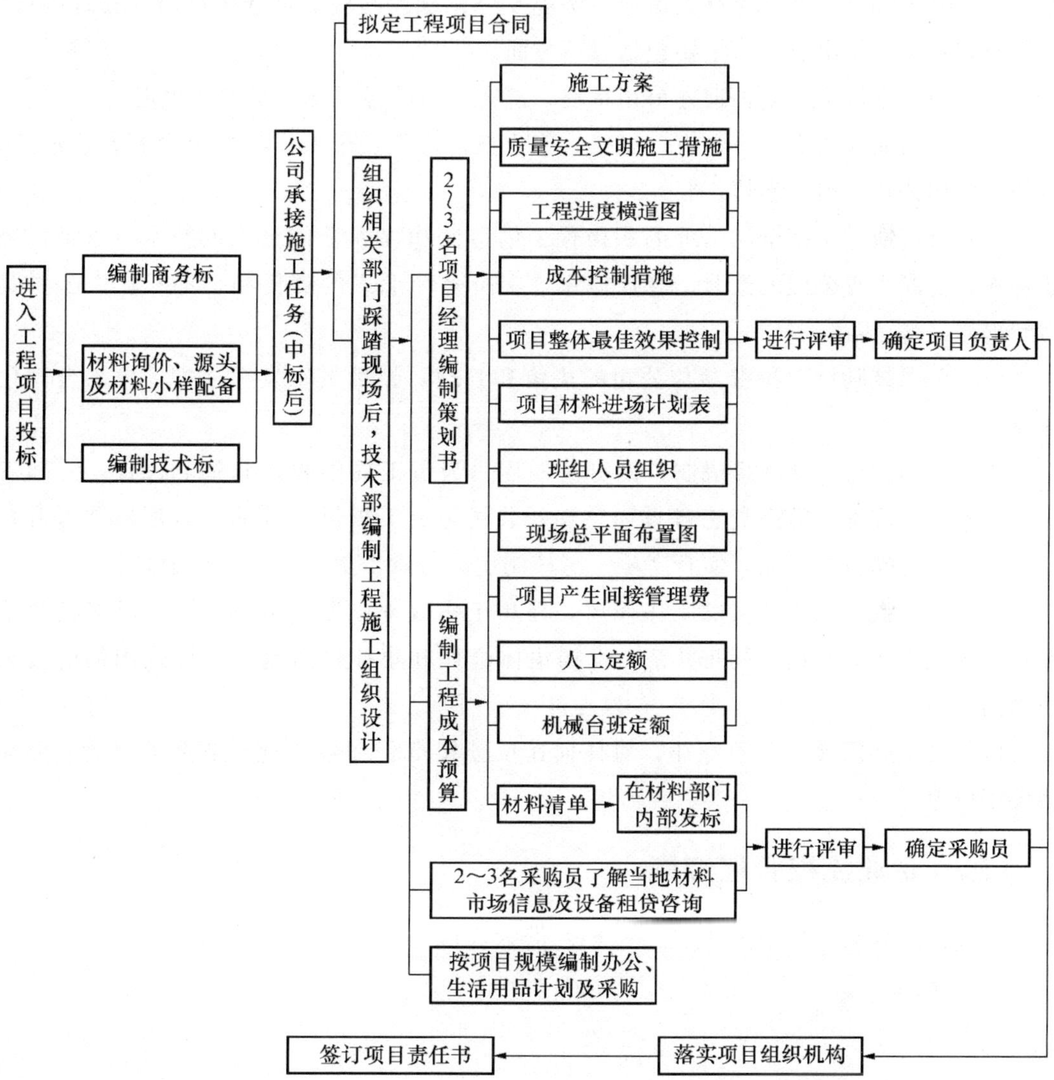

图 1-5　工程承接流程图

第三节　园林工程公司的管理文化

一、　总则

为加强公司的规范化管理，完善各项工作制度，促进公司发展壮大，提高经济效益，一般公司都会根据国家有关法律、法规及公司章程的规定，制定自己的管理制度，对公司和对员工做出要求，主要包括以下方面。

（1）公司全体员工必须遵守公司章程，遵守公司的各项规章制度和决定。

（2）公司倡导树立“一盘棋”思想，禁止任何部门、个人做有损公司利益、形象、声誉或破坏公司发展的事情。

（3）公司通过发挥全体员工的积极性、创造性和提高全体员工的技术、管理、经营水平，不断完善公司的经营、管理体系，实行多种形式的责任制，不断壮大公司实力和提高经济效益。

（4）公司鼓励员工积极参与公司的决策和管理，鼓励员工发挥才智，提出合理化建议。

（5）公司实行“岗薪提成制”的分配制度，为员工提供收入和福利保证，并随着经济效益的提高逐步提高员工各方面待遇；公司为员工提供平等的竞争环境和晋升机会；公司推行岗位责任制，实行考勤、考核制度，对做出贡献者予以奖励。

（6）公司提倡求真务实的工作作风，提高工作效率；提倡厉行节约，反对铺张浪费；倡导员工团结互助，同舟共济，发扬集体合作和集体创造精神，增强团体的凝聚力和向心力。

（7）员工必须遵守公司纪律，对任何违反公司章程和各项规章制度的行为，公司都要予以追究。

二、　企业流程管理细则

下面以工程采购、财务报销、考勤、借款为例介绍园林工程公司的流程管理细则（图 1-6 至图 1-9）。

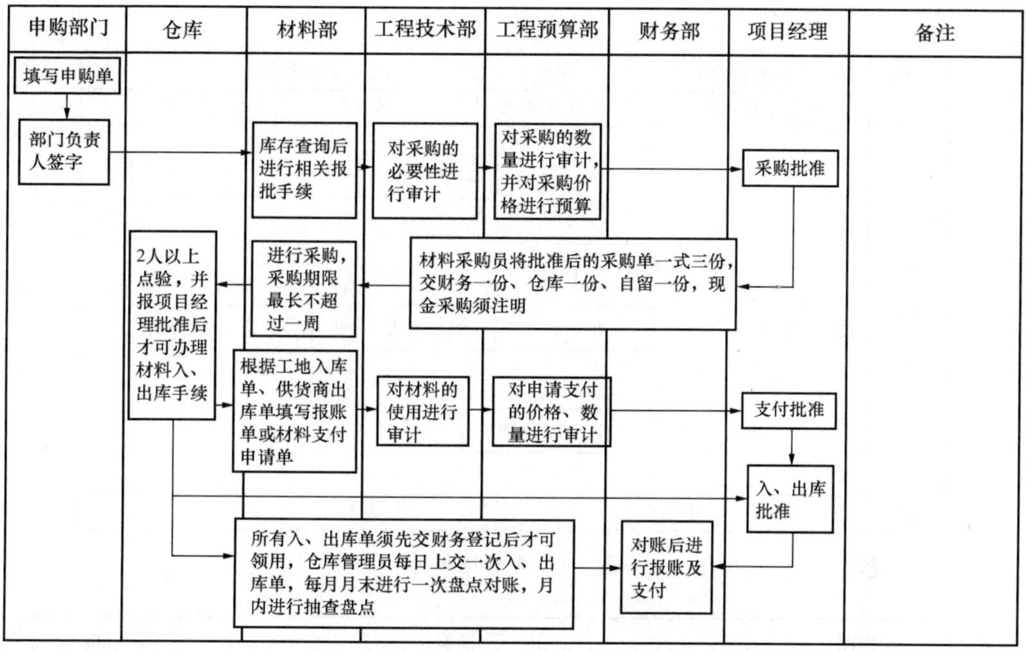

图 1-6　工程采购流程图

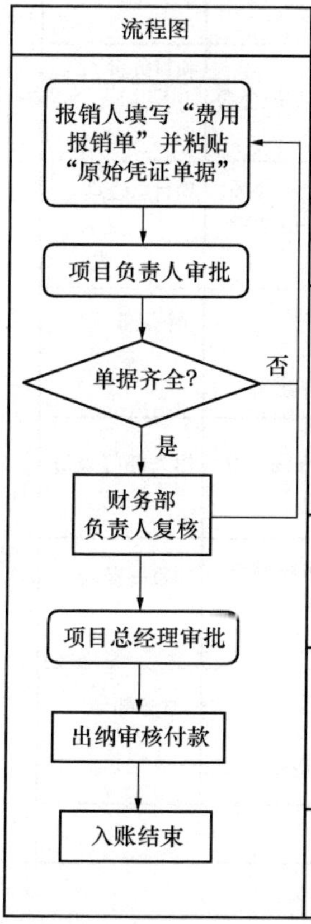

说明	权责部门
(1) 如果没有特殊原因，在取得票据3天内填写“费用报销单”进行报销。 (2) 报销人要按照规定认真填写“费用报销单”。所填写的项目为日期、用途、金额、合计、金额大小、报销人等。 (3) 如果是报销交通费的，在“费用报销单”上注明乘车路线。 (4) 发票、报销原始单据粘贴在粘贴单上，最后粘贴“费用报销单”。 (5) 若有要事说明，则在备注填写	相关部门人员
(1) 相关人员提交给项目负责人审核签字。 (2) 项目负责人必须对以下方面进行审核： ①费用产生的原因及真实性； ②费用的合理性； ③票据及单据的规范性。 若发现不符合要求，立即退还给相关报销人员重新整理提报。 (3) 若有要事说明，则在备注填写	项目负责人
(1) 财务部门人员要仔细审核报销人填写格式是否符合要求。 (2) 仔细审核报销人的金额和计算是否正确。 (3) 审核有无报销人和负责人的签名。 (4) 对不符合上述要求的“费用报销单”则退回报销人	财务部门
(1) 项目总经理接到“费用报销单”后，首先关注是否有直接负责人和财务人员的签名。 (2) 若有直接负责人和财务人员签名，则审阅内容。 (3) 若同意报销，则在报销单上写“同意报销”并签字。不同意，则退回给财务人员交给报销人	项目总经理
(1) 出纳需要先关注有无项目总经理签字同意报销。 (2) 仔细审核报销人金额填写计算是否正确。 (3) 出纳随后根据“费用报销单”总金额支付给报销人	财务部出纳

图 1-7　财务报销流程图

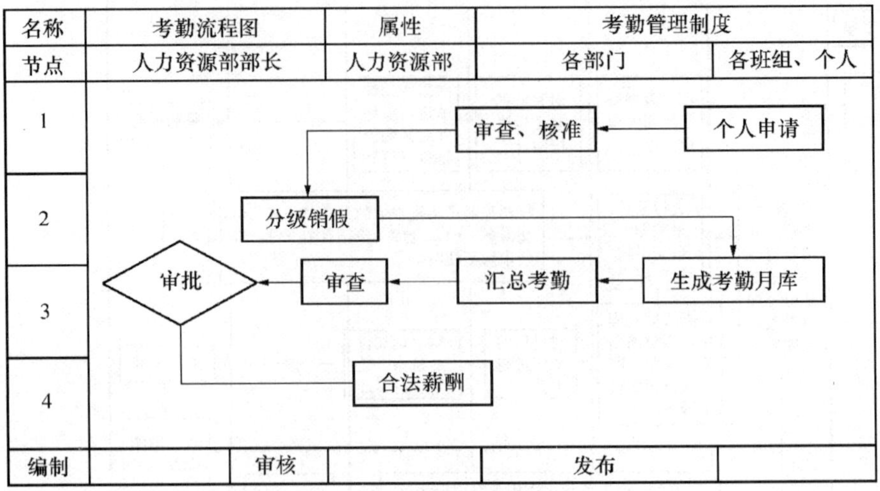

图 1-8　考勤流程图

流程图	说明	权责部门
借款人填写“借款单”	借款人要按照规定认填填写“借款单”。所填写的项目为日期、部门、借款原因、金额、供款人等	相关部门人员
项目负责人审批	(1) 相关人员提交给项目负责人审核签字。 (2) 项目负责人必须对借款原因进行审核。若发现不符合要求，立即退还给借款人	项目负责人
项目总经理审批	(1) 项目总经理接到“借款单”后审核对借款原因及金额。 (2) 若同意借款则在“借款单”上签字。不同意则退回给借款人	项目总经理
出纳审核付款 结束	(1) 出纳需要先关注有无项目总经理签字同意借款。 (2) 仔细审核借款人金额填写是否正确。 (3) 出纳随后签名并根据“借款单”金额支付给借款人	财务部
借支人填写“借支单”	借支人要按照规定认填填写“借支单”。所填写的项目为日期、部门、借支事由、金额、供支人等	相关部门人员
项目负责人审批	(1) 相关借支人员提交“借支单”给项目负责人审核签字。 (2) 项目负责人必须对借支事由进行审核。若发现不符合要求，立即退还给借支人	项目负责人
出纳审核付款 结束	(1) 出纳需要先关注有无项目负责人签字同意借支。 (2) 仔细审核借支人金额填写是否正确。 (3) 出纳随后签名并根据“借支单”金额支付给借支人	财务部

图 1-9　借款/借支单流程图

入职培训专题3

我国园林绿化施工企业人力资源建设

一、 园林绿化施工企业各岗位职责

（一） 总经理岗位职责

（1）负责公司的生产经营管理、行政管理工作，以及其他各项工作任务。

（2）负责贯彻执行党和国家的方针政策及公司的各项规章制度。监督检查公司各项规章制度的贯彻执行。

（3）负责财务收支审批和合理利用资金，执行财经政策，加强管理，提高经济效益。

（4）负责抓好安全生产和安全教育工作。

（5）负责公司各种协议、合同审查签署，认真履行法人代表的职责。

（二） 副总经理岗位职责

（1）根据公司规划发展计划，制订实施方案，并协助总经理落实、督办各项工作。

（2）在总经理授权下开展协调、管理工作。

（3）组织安排本公司大型活动、会议及其他活动，对内、对外联络，接待。

（4）负责各部门之间的工作对接，协调、处理疑难问题，做好配合工作，发挥承上启下的作用，给总经理当好助手，做好参谋。

（5）负责公司内部建章立制工作，草拟文件、报告、请示、汇报和提出年度工作计划，编制年终工作总结。

（6）做好公司各类档案的管理工作。

（7）负责新人上岗前培训，在岗人员人事管理，技术培训工作。

（8）负责本公司后勤保障工作，科学合理地调配车辆、机械及设备。

（9）负责本公司安全生产、安全培训工作。

（10）负责项目招投标工作和项目竣工交接等事宜。

（11）总经理交办的其他临时性工作。

（三） 会计岗位职责

（1）掌握会计制度和有关法规、费用开支范围和标准，分清资金渠道，专款专用。

（2）按规定编制部门预算，合理使用资源，做好财务分析和考核。

（3）按时编制月度用款计划并上报公司经理。

（4）按照会计制度，填制转账凭证，做好记账、算账、结账、报账工作。做到凭证合法、手续完备、账目健全、数字准确、定期对账（包括核对现金实有数）、经常分析，并及时记账，按时结账，如期报账。同时做好工资核算工作，并协助出纳做好工资、奖金的发放工作。

（5）严格票据管理，保管空白收据和部分印章。收据领用要登记，收回要销号。

（6）保管好所有财务凭证，及时整理、装订归档，定期编制各种会计报表、统计资料，年终提交决算报告等。

（7）按期填报审计报表，认真自查，按时报送会计资料。上级财务机关检查工作时，要负责提供资料和反映情况。

（8）每月书面向经理汇报财务情况，当好经理参谋，发挥财务监督作用。

（9）定期装订会计凭证、账簿、表册等，妥善保管和存档。定期核对固定资产账目，做到账物相符。

（10）严格遵守、执行国家财经法律法规和财务会计制度，做好会计工作。

（11）加强安全防范意识和安全防范措施，严格执行财务管理方面的安全制度，确保不出安全问题。

（12）会计调离本岗位时，要将会计凭证、账簿、报表及会计档案资料、预算资料、印章、票据、有关文件、债权债务和未了事项，向接办人移交清楚，并编制移交清册，办妥交接手续。

（13）完成公司领导交付的其他任务。

（四） 出纳员岗位职责

（1）要认真审查各种报销或支出的原始凭证，对违反国家规定或有误差的，要拒绝办理报销手续。

（2）要根据原始凭证，记好现金和银行账目。书写整洁、数字准确、日清月结。

（3）严格遵守现金管理制度，库存现金不得超过定额，不挪用，不得用白条抵顶库存现金，保持现金实存与现金账面一致。

（4）负责到银行办理经费领取手续，支付和结算工作。

（5）负责支票签发管理，不得签发空头支票，按规定设立支票领用登记簿。

（6）加强安全防范意识和安全防范措施，严格执行安全制度，认真管好现金、各种印章、空白支票、空白收据及其他证券。

(7) 负责做好工资、奖金等造册发放工作。

(8) 负责各工程项目和每月的现金支出计划，分清资金渠道，有计划地领取和支付现金。

(9) 及时与银行对账，做好银行对账调节表。

(10) 根据规定和协议，做好应收款工作，定期向主管领导汇报收款情况。

(11) 严格遵守、执行国家财经法律法规和财会制度，做好出纳工作。

(五) 工程部经理岗位职责

(1) 负责管理、组织、协调、整合内部和外部所有工程项目。

(2) 认真贯彻执行公司的各项规章、制度。

(3) 负责本部门各岗位职责执行情况，明确分工，制订计划，对工程部所有项目进行检查、督促。

(4) 执行总经理的工作安排和要求，及时汇报工程进度、反馈施工现场情况。

(5) 负责公司工程项目的实施，及时、清晰、准确地落实公司的工作任务，提高工作效率。

(6) 全面掌握本公司所有工程项目的情况，认真履行施工合同的规定内容，按期优质地完成各项工程项目。

(7) 负责协调与工程项目有关的单位和部门，及时解决问题，确保工程各环节的顺利推进。

(8) 负责本部门各岗位的人员管理工作。

(9) 参与讨论本部门组织结构的设置，并对设置不合理的岗位提出优化方案，经总经理批准后，进行调整和优化。

(10) 负责提出需要招聘人员的计划，参与新聘用人员的招聘、面试及考核工作。

(11) 负责总经理交办的其他事物。

(六) 项目部经理岗位职责

(1) 负责实施施工项目管理，贯彻执行国家法律、法规、方针、政策和强制性标准，遵守公司的各项管理制度，维护公司的合法权益。

(2) 负责组织 ISO9001 质量体系在本项目部的有效运行，并负责全过程的检查、监督指导。

(3) 负责组建项目经理部，编写相关的岗位职责，与项目部管理人员签订岗位责任书，并定期对项目部人员进行岗位考核，对各岗位工作进行评价。

(4) 负责公司所签订承包合同的全面贯彻执行，按时、保质地完成合同规定内容的各项指标。

(5) 负责组织人员编制施工组织设计、安全施工组织设计，并组织实施。

（6）负责审核人力、机械、材料等需用计划，协调落实所需物资情况。

（7）负责审核当月工程进度、成本及结算工作，并对工程成本分析盈亏原因，制订纠正措施。

（8）负责在授权范围内与公司管理层、劳务作业层、各协作单位发包人、分包人和监理工程师等的协调，解决项目中出现的问题。

（9）负责在企业财务制度规定的范围内，决定资金的使用，决定项目部的利益分配，协调项目部管理层的配合关系，对下级争议做出裁决。

（10）负责运行现场安全、文明施工管理，发现和处理突发事件，负责组织实施安全、文明检查。

（11）参与工程竣工验收，准备结算资料和分析总结，处理项目部的善后工作，协助公司进行项目的检查、鉴定和评价申报。负责工程项目的移交。

（12）每日组织施工员、施工队长、材料员召开项目碰头会。每周日下午召开本周施工总结、下周计划工作会议。每月底召开本月工作总结、下月工作计划会议，并做好会议纪要，交于工程部经理存档。每月检查施工员施工日志并将结果公布，作为年底考核依据。

（13）积极做好公司领导安排的其他工作。

（七） 技术负责人岗位职责

（1）协助项目经理工作，负责工程现场的组织管理工作，解决工程中的问题，对工程所有技术负责。

（2）负责组织开工前的准备工作，组织相关人员编制施工组织设计和安全施工组织设计，制订各分项工程施工方案。

（3）负责每天填写施工日志，记录施工现场所发生的人、材、机消耗量。

（4）负责制订劳务、材料、机械需用计划，制订周作业计划和实施方案。

（5）对施工中的重要工序及难点工序亲自负责，检查隐蔽资料是否与实际相符，发现问题及时解决。

（6）对施工全过程进行质量监控，按期完成生产例会安排的工作进度及考核期内整改的相关事宜。

（7）协调好项目部各成员之间的工作关系，使项目部成员团结一致，共同努力，保质保量按期完成项目工程。

（8）负责现场文明施工管理，严格按施工组织设计及质量计划中的安全文明措施进行施工。

（9）负责项目各阶段的工程计价、计量资料的收集、整理和申报签证手续。

（10）及时做好各项签证的工作及工程竣工验收，负责编写工程总结，组织项目部技术人员绘制竣工图。

（11）负责项目部上报的竣工资料的初审工作，并报公司工程部参加竣工验收。

（12）负责对项目部工程技术人员的考核。

（13）积极做好项目经理安排的其他工作。

（八） 技术员岗位职责

（1）负责公司全面技术工作，协助项目经理完成工程技术管理工作任务。

（2）坚持原则，廉洁勤政，工作以身作则，深入施工现场，平衡协调施工程序，及时处理好施工中出现的各种技术问题。

（3）负责组织图纸会审，技术交底工作，对外设计项目，应首先熟悉图纸，负责与设计单位联系。

（4）全面完成公司下达给工程项目的各项考核指标，确保工程质量、安全、工期的实现，认真履行施工合同。

（5）负责单位工程的测量定位、放线工作及负责技术复核，经常深入现场，解决质量和安全隐患，负责安全质量、月验收、竣工验收，发现问题及时协调解决。

（6）负责主持编制和组织实施施工合同内容的施工进度计划，按时向公司报送工程实物完成量，并及时把现场准确的实测数据和合格工程量反馈给资料员。

（7）完成领导交办的各项临时性任务，按时参加范围内的各种会议及各项集体活动。

（8）严格按公司质量管理体系工作和质量方针要求实现工程质量目标。

（9）合理统筹安排好项目工程的物资、劳动力、施工技术、设备、文明施工等的管理工作。

（10）负责完成公司经理授权处理的事宜，定期或不定期地将工程现状上报公司，并执行公司的指令。

（11）协助项目经理负责与政府相关部门、业主、监理、分包单位的协调工作，负责编写对本项目工程完工后的工作总结。

（九） 施工员岗位职责

（1）遵照国家和地区颁发的规范、标准、规定以及设计要求，结合工地现场和本公司实际情况，负责编制单位工程的施工组织设计，经项目经理审批后贯彻实施。

（2）对负责施工的工程质量、安全生产、劳动保护、工期等负有技术责任，负责组织和专业工种熟悉图纸，统一归纳问题，做好图纸会审前的准备工作，以及会审纪要的整理签证工作。

（3）在整个施工过程中，负责各项专业技术标准，严格执行施工验收规范和质量检验评定标准，以及有关规定。

（4）负责单位工程分部分项工程技术交底，负责对采用新技术、新材料、新工艺应用和技术交底及安全技术的教育。

(5) 配合资料员对进场的工程材料、构件等的数量规格、型号、质量方面的检查和送检工作，以及砼、砂浆试配工作。

(6) 负责单位工程的测量定位、放线工作及负责技术复核，组织隐蔽工程验收、分部分项内评，负责整理和向资料员提供施工技术资料、施工总结及竣工图。

(7) 参加质量检查活动和技术会议，以及各阶段工程验收工作，负责处理质量事故，对重大质量事故做到及时上报，协同有关部门及时处理。

(8) 编制各阶段施工进度计划，制订相应的技术措施，做好技术交底工程，组织有关人员按计划达到施工目标，每天做好施工日志。

(十) 预算员岗位职责

(1) 工程中标后，项目预算员接到公司下达的经济指标后，认真查阅施工图纸、招标文件、施工合同来编制工程预算书，分析出工、料、机，制订出工程成本计划、材料计划，并及时上报公司预算合同部审查。

(2) 负责与项目监理计量工程师的沟通工作，每月 25 日将项目月施工进度产值、当月成本分析送公司汇总后上报预算审计部。

(3) 依据工程计划成本，负责做好工程成本核算台账，控制好实际的量价。

(4) 负责做好工程签证工作，做到签证资料齐全、有效。

(5) 依据单价分析情况，负责给项目经理提供人工、机械单价，确定结算单价，签订劳务、机械等其他合同，并及时将项目部相关人员签字齐全的结算单交财务部。

(6) 负责做好合同分类、归档整理工作，及时登记台账。

(7) 依据项目相关人员提供的原始资料，负责做好项目工、材、机的对外和对内结算工作，结算凭证正规、有效。

(8) 积极做好公司领导安排的其他工作。

(9) 在工程施工过程中，及时收集技术资料和经济签证及变更资料，做好结算准备工作，并协助检查施工隐蔽资料的完整性、有效性。

(10) 工程竣工后，负责在 1 个月内做好竣工结算，结算审定后，做好成本分析报告，配合项目经理收取进度款。

(11) 做好公司领导安排的其他工作。

(十一) 资料员岗位职责

(1) 对所属的工程项目负有真实、及时、完整的管理及保存所有有效文字资料的责任。有效文字资料包括：招标文件、招标图纸、招标期间答疑及会议纪要、投标文件、合同、施工许可证、开工报告、图纸会审记录文件、施工图纸、设计变更单、联系单、签证单、施工期间往来信函、隐蔽验收记录、竣工验收报告、消防许可证、移交单、材料报审资料、工程检验批质量验收记录、分部分项工程质量验收记录、收发文签收记录、施工日志、各种竣工验收中需提交的其他材料、资料等（包括上述材料、资料原件的保管）。

（2）对上述资料中的设计变更单、联系单、签证单需进行编号保存。

（3）负责给业主、监理和其他部门报送资料及领取上级部门下发的文件。

（4）对上述资料的管理包括：整理、归类、登记、编号（如需要）、存档，做到分门别类、查找方便。

（5）负责审查各种资料，对缺少的资料，责成有关人员及时补上；对不符合要求的资料，责成有关人员及时补做、完善、修正。不符合要求主要指：甲方给予确认的资料签署人非合同或书面授权人、公司送甲方的各种文件没有办理签收手续的（签收手续一是直接在复印件上签收，二是在“收发文件记录”上签收，建议使用前者）、涉及需加盖甲方或监理单位公章而没盖的等。

（6）需加盖甲方公章的文件有：招标文件、招标图纸、招标期间答疑及会议纪要、投标文件、合同、施工许可证、开工报告、图纸会审记录文件、设计变更单、联系单、签证单、施工期间往来信函、竣工验收报告、移交单、分部工程质量验收记录等。

（7）需加盖监理公司公章的文件有：开工报告、图纸会审记录文件、施工组织设计报审、隐蔽验收资料、竣工验收报告、材料报审资料、工程检验批质量验收记录、分部分项工程质量验收记录、会议纪要等。

（8）负责达标资料的安排、检查、指导，定期回收整理工作，为迎接检查做好资料准备。

（9）负责将竣工资料按甲方、监理公司及档案馆的要求进行整理、分册、汇总和装订工作。

（10）负责完成公司领导临时安排的其他工作，另外，在多余时间深入施工现场，了解施工进度情况。

（11）负责整理工程量确认单，并找相关单位签字盖章。

（12）绘制施工竣工图。

（13）工程竣工后负责将竣工资料配合甲方、监理工作人员提交到档案馆或甲方档案室，移交表格附后。

（十二） 安全员岗位职责

（1）在项目经理的领导下，督促本项目施工人员认真贯彻执行国家颁布的安全法规，以及企业制定的安全规章制度，发现问题及时制止、纠正和向领导及时汇报。

（2）参加本项目承包工程的安全技术措施制订及向各班组进行安全知识教育。

（3）深入现场的每道工序，掌握安全重点部位的情况，检查各种防护措施，纠正违章指挥、冒险蛮干。要以理服人，坚持原则，秉公办事。

（4）参加组织的定期安全检查，查出的问题要督促在限期内整改完。发现危及职工安全的重大安全隐患，有权制止作业，组织职工撤离危险区域。

(5) 发生工伤事故，要协助保护好现场，及时填写上报，认真负责地参加工伤事故的调查，不隐瞒事故情节，真实地向有关领导上报情况。

（十三） 材料员岗位职责

(1) 负责公司几个项目部采购编制设计，报公司领导审核，对所购材料进行市场调查，采购人员应在公司指定的供货商处购买物品、材料。做到货比三家，三证齐全，确保按时提供材料，并负责机械调配。

(2) 工程开工前，按核算员提供的材料通知单编制材料计划，报分公司领导审核。

(3) 根据项目部每周材料计划及公司库存情况，进行市场价格调查，三证齐全。及时定购，储备材料。

(4) 各种材料进入工地，负责与现场材料员办交接手续，三证随材料同时进入工地，如有特殊情况，在规定的期限将三证交质检员。

(5) 建立完整的材料机具台账，整理好当月所发生的材料和机具费用，报核算员。

(6) 根据项目提供机械、车辆计划，遵循公司的规定，实行统一调配。

(7) 根据贯标精神对材料的程序要求，负责总材料的明细台账及材料的各种标识记录，检查验收记录和材料供应方的评审工作。

（十四） 工程质检部职责

(1) 贯彻执行国家和上级关于质量管理和质量保证以及工程质量管理的方针、政策、法律、法规及政令，严格执行技术标准、质量标准和技术规范，并将质量方针贯穿于施工生产管理全过程。

(2) 在项目总工程师的领导下，负责本项目施工技术管理、工程质量管理及协调现场质检工程师工作。

(3) 在项目总工程师的领导下，组织工程技术人员熟悉招标文件、施工设计文件，审核图纸，提出完善设计的建议，参加业主组织的技术交底会，组织对各施工队进行技术交底。

(4) 在项目总工程师的领导下，主办新技术、新工艺的推广使用，编制施工工艺，对施工生产的关键工序、“特殊过程”控制制定生产作业指导书，使之服务于现场施工作业及施工过程控制。

(5) 监督检查质量保证体系的运行情况，解决体系运行中存在的实际问题，对施工过程及质量检查中的不合格产品行使质量否决权，提出处置意见报总工程师审批。

(6) 协助总工程师做好施工质量事故的调查、分析、处理及补救工作，提出纠正及预防措施报领导审批，并检查该措施的验证效果。

(7) 配合监理工程师等人做好现场质量检查工作，对监理、业主提出的质量要求逐步进行落实、改进，并将改进效果书面通知监理或业主。

(8) 主持竣工文件编制，配合总工程师做好竣工交验事宜。

(9) 负责制定本部门及人员的岗位职责，并对履行职责情况按规定做出评价和考核。

(10) 完成领导交办的其他工作。

(十五) 施工队长岗位职责

(1) 服从项目经理的管理。

(2) 工人进场后，配合项目经理组织对工人进行安全三级教育。

(3) 接到项目经理安排的任务后，合理分配人、材、机的使用。

(4) 参加项目经理组织的各项会议，并做好相关记录。

(5) 做好每日的派工记录和工人考勤。

(6) 配合现场施工员进行定点、放线、测量、核量等工作。

(7) 配合施工员做好人、材、机的进场计划。

(8) 施工条件变化时及时做好计划调整方案，配合项目经理进行决策并做好记录。

(9) 定期组织开班前会，对工程进度的开展执行做细致的分工，并对班组进行检查和指导。

(10) 加强对工人的培训和管理，提高作业质量和效率。

(11) 施工中在不影响工程质量的前提下寻找降低成本的措施。

(12) 参与项目内部的验收工作，发现问题做好记录并及时整改。

(13) 负责项目质保期内的维修和保养工作、现场材料的使用、露天材料堆放的监督和管理。

(14) 对生活区的安全、卫生情况每天不定时检查，发现问题及时整改。

(15) 施工队长负责的多个工地都需要派工的，5 人以上的必须安排班组长，并根据情况规定任务。下班后班组长向施工队长汇报本日工作情况，根据完成情况计划次日人员及工作安排。

(16) 任何工地不论大小，当天下班后，清理施工场地，做到场清料尽。没有用完的材料必须摆放整齐，用篷布遮盖，贵重材料器具必要时安排值班人员看护。

(17) 所有施工工具由施工队长统一到仓库管理员处领取并签字，再发放给工人，工人不得私自领取。暂时不用的工具由施工队长退还到仓库管理员处，并做登记。年底工人离开时，所有工具由施工队长统一收回并归还入库，如有丢失，照价赔偿。

二、 工地治安综合管理奖惩制度

为了进一步加强两个文明建设，不断提高职工队伍素质，健全工地治安的综合管理，使工地生产顺利进行，使工地内的生活纳入正常轨道，特制定此制度：

(1) 全体职工都必须遵守项目部规定的“七不”规范，以及项目部职工守则，做一名合格职工。

（2）每个职工必须热爱自己所在的单位，安心工作，服从领导，听从指挥，圆满完成上级下达的各项施工任务。

（3）职工之间、班组之间要互敬互爱，团结友好，发生矛盾时，大家都要相互尊重，互相让步，以共同方便施工作业为原则。解决不了时，要及时报请班组长或上级领导协调解决，严禁发生骂人、打人等粗暴行为。如发生，根据是非情况及认错态度好坏，视情节处以50～200元的罚款。如发生团伙性的群架行为，对带头闹事者处以200～1000元的罚款，并对所在项目部的施工队长进行经济处罚，情节恶劣者，呈报公安部门处理。

（4）严禁在工地内赌博，或者以娱乐为借口的变相赌博活动，否则，一经查实，无论赌博程度大小，一律没收其赌具、赌资，并视情节处以50～500元的罚款。严禁在工地内醉酒闹事、酒后操作机械设备、酒后上岗、酒后驾车等行为，违者视情节处以200～500元罚款，情节严重者，除后果自负外，呈报公安部门处理。

（5）为了确保工地内生活区的用电安全，全体职工都不得使用电炒锅、电炉，否则，一经查实，没收设备，并视态度好坏处罚款50～200元。

（6）本工地内和生活区的任何临时用电，必须有本工地的固定值班电工负责安装，任何人都不得私接乱拉电线及私装灯头或插座，如特殊情况需临时装用，需经项目部批准后，由项目部派人安装。违者视情节处罚20～100元，如出现任何问题，一切后果都由当事人自负。

（7）严禁在灯头上或电线中段上挂钩用电，违者每次处罚20～50元，如出现问题，一切后果自行负责。

（8）每个职工都要爱护工地和他人的财物，对偷窃工地和他人财物者，处以偷窃价值5～10倍的罚款，情节严重者，送交公安部门处理并逐出工地。

（9）全体人员都要有高度的集体主义思想，公私分明，严禁把工地材料随意拿做它用或私做家具和个人用具，违者视情节处罚50～200元，情节严重者加倍处罚。

（10）本工地全体人员，应为本工地的工程施工、工程材料及工程安全尽心尽力，对和工地外社会上的流浪人员里应外合进行盗窃者，或给工程施工造成不利后果者，除按本制度第8条规定处理外，工资不予结算。情节严重者，呈报公安部门处理。

（11）全体人员都有责任做好工程的成品保护工作，如破坏栽植好的乔灌木、草坪花卉，已安装好的各种管线、电线，已粉刷好的内墙及其他，一经查实，除损坏的材料和人工工资由其当事人承担，再视情况罚款100～2000元，情节严重者送公安机关处理。

（12）严禁无关人员随意动用机械设备，擅自开动或损坏机械设备者每次处罚款50～100元，损坏者照价赔偿，态度较差者视情况重罚。

（13）为了确保工地宿舍区防火安全，严禁在宿舍内烧柴做饭，或用柴火、小太阳灯等取暖，违者每次罚款 100～200 元或视情况处罚。

（14）要保护宿舍区的清洁卫生，严禁随地大小便，违者小便每次罚款 10～30 元，大便每次罚款 50 元，并清扫干净。对不听劝阻、屡教不改、态度恶劣者，严加惩处。

（15）禁止随地乱倒剩饭菜及其他废水、废物，应将垃圾统一倒入指定地点。违者每次罚款 20～50 元，态度恶劣者加倍处罚。

（16）每个职工都必须严格遵守本地的作息时间，在宿舍内如无加班等特殊情况，每晚 11：30 必须熄灯，否则，一经查实，每次处同室人罚款 5～30 元。

（17）施工队长及班组长应模范贯彻执行各项规章制度，在职工中以身作则，做好表率作用，积极支持、主动配合项目部的各项工作。

（18）施工队长监督每天下班，做到场清料尽，没用完的材料堆放整齐，如发现浪费材料的，或者下班场地没有收拾干净的，扣除施工现场工人每人每次 100 元，施工队长 300 元。

（19）全体人员都要养成做好人好事的良好风气，要有敢于同坏人坏事做斗争的勇气，对检举揭发或抓获坏人坏事的人员，工程部要按其功绩大小，给予相应的经济奖励和精神奖励。

奖励细则如下：

①抓获破坏防盗及安全设施者，发奖金 50～100 元或视情况奖励。

②抓获偷窃工地材料者，奖给被偷窃价值 20％的奖金，不足 30 元的以 30 元计发。

③抓获偷窃私人财物者，奖给被偷价值 50％的奖金（以新品计价），不足 20 元的以 20 元计发。

④抓获破坏工程成品者，发奖金 50～100 元或视情况奖励。

第二部分

认识岗位

The second part
The second part
The second part
The second part

入职培训专题4
认识学徒业务岗位

第一节　园路广场施工员素质要求

一、　职业道德要求

（1）施工员应以高度的责任感，根据技术人员的交底对工程建设的各个环节做出周密、细致的安排，并合理组织好劳动力，精心实施作业程序，使施工有条不紊地进行，防止盲目施工和窝工。

（2）以对人民生命安全和国家财产极端负责的态度，时刻不忘安全和质量，严格检查和监督，把好关口。

（3）不违章指挥，不玩忽职守，施工做到安全、优质、低耗，对已竣工的工程要主动回访保修，坚持良好的施工后服务，信守合同，维护企业的信誉。

（4）施工员应严格按图施工，规范作业。不使用无合格证的产品和未经抽样检验的产品，不偷工减料，不在钢材用量、混凝土配合比、结构尺寸等方面做手脚，牟取非法利益。

（5）在施工过程中，时时处处要精打细算，降低能源和原材料的消耗，合理调度材料和劳动力，准确申报建筑材料的使用时间、型号、规格、数量，既保证供料及时，又不浪费材料。

（6）施工员应以实事求是、认真负责的态度准确签证，不多签或少签工程量和材料数量，不虚报冒领，不拖拖拉拉，完工即签证，并做好资料的收集和整理归档。

（7）做到施工不扰民，严格控制粉尘、施工垃圾和噪声对环境的污染，做到文明施工。

二、 专业知识要求

（1）掌握园路广场工程制图原理、识图方法以及常用的道路工程测量方法。

（2）掌握园路广场工程材料(包括水泥、钢材、木材、砂石等)的性能和质量标准。

（3）掌握园路广场工程施工计算方法。

（4）掌握园路广场工程施工的标准、规范和施工技术。

（5）掌握园路广场工程施工的一般原理和方法。

（6）了解一定的园路广场工程施工机械知识和电工知识。

（7）掌握一定的质量管理知识。

三、 工作能力要求

（1）能有效地组织、指挥人力、物力和财力进行科学施工，取得最佳的经济效益。

（2）能够对施工中的稳定性问题（包括缆风绳设置、脚手架架设、吊点设计等）进行鉴别，对安全质量事故进行初步的分析。

（3）能比较熟练地承担施工现场的测量、图样会审和向工人交底的工作。

（4）能在不同地质条件下正确实施土方开挖、回填夯实、降水、排水等措施。

（5）能正确地按照国家施工规范进行施工，掌握施工计划的关键线路，保证施工进度。

（6）能根据施工要求，合理选用和管理道路工程施工机具，具有一定的电工知识，科学管理施工用电。

（7）能运用质量管理方法指导施工，控制施工质量。

（8）能根据工程的需要，协调各工种、人员、上下级之间的关系，正确处理施工现场的各种社会关系，保证施工能按计划高效、有序地进行。

（9）能编制施工预算、进行工程统计、劳务管理、现场经济活动分析，对施工现场进行有效的管理。

四、 身体素质要求

施工员长期工作在施工现场第一线，工作任务相当繁重，而且工作条件与生活条件也相对艰苦，因此，要求施工员必须具有强健的体格与充沛的精力，才能胜任工作。

第二节 园路广场施工员的工作任务

一、 实行有目标的组织协调控制

（1）检查班组作业前的各项准备工作。

(2) 检查外部供应、专业施工等协作条件是否满足需要，检查进场材料和构件质量。

(3) 检查工人班组的施工方法、施工操作、施工质量、施工进度以及节约、安全情况，如发现问题，应立即纠正或采取补救措施解决。

(4) 做好现场施工调度，解决现场劳动力、原材料、半成品、周转材料、工具、机械设备、运输车辆、安全设施、施工水电、季节施工、施工工艺技术及现场生活设施等出现的供需矛盾。

(5) 监督施工中的自检、互检、交接检制度和工程隐检、预检的执行情况，督促做好分部分项工程的质量评定工作。

二、 进行工程施工技术交底

(1) 施工任务交底。向工人班组重点交代清楚任务大小、工期要求、关键工序、交叉配合关系等。

(2) 施工技术措施和操作要领交底。交代清楚与工程有关的技术规范、操作规程和重点施工部位、细部、节点的做法以及质量要求和技术措施。

(3) 施工消耗定额和经济分配方式的交底。交代清楚各施工项目劳动工日、材料消耗、机械台班数量、经济分配和奖罚制度等。

(4) 安全和文明施工交底。提出有关的防护措施和要求，明确责任。

三、 做好技术资料的记录和积累

(1) 做好施工日志、隐蔽工程记录，填报工程完成量，办理预算外工料的签订。

(2) 做好质量事故处理记录。

(3) 做好混凝土砂浆试块试验结果、情况记录的积累工作，以便工程交工验收、决算和质量评定的进行。

第三节 园路广场施工员的权利、义务与职责

一、 施工员的权利

(1) 在分部、分项单位工程施工中，在行政管理上（如对劳动人员组合、人员调动、规章制度等）有权处理和决定，如发现问题，应及时请示和报告有关部门。

(2) 根据施工要求，对劳动力、施工机具和材料等有权合理使用和调配。

(3) 对上级已批准的施工组织设计、施工方案和技术安全措施等文件，要求施工

班组认真贯彻执行，未经有关人员同意，不得随意变动。

(4) 对不服从领导指挥、违反劳动纪律和违反操作规程的人员，经多次说服教育不改者，有权停止其工作，并做出严肃处理。

(5) 发现不按施工程序施工，不能保证工程质量和安全生产的现象，有权加以制止，并提出改进意见和措施。

(6) 督促检查施工班组做好考勤日报，检查验收施工班组的施工任务书，及时发现问题并进行处理。

二、 施工员的义务

(1) 努力学习和认真贯彻道路工程施工方针政策和有关部门规定，学习好住房和城乡建设部等有关部门的技术标准、施工规范、操作规程及先进单位的施工经验，不断提高施工技术和施工管理水平。

(2) 牢固树立“质量第一”的思想，以为用户服务和对国家、对人民负责的态度，坚持工程回访和质量回访制度，虚心听取用户的意见和建议。

(3) 对上级下达的各项经济技术指标，应积极、主动地组织施工人员完成。

(4) 正确树立经济效益和社会效益、环境效益统一的思想。

(5) 信守合同、协议，做到文明施工，保证工期，信誉第一，不留尾巴，完工清场。

(6) 主动、积极地做好施工班组的思想政治工作，关心职工生活。

三、 施工员的职责

(1) 在项目经理领导下，深入施工现场，协助搞好施工监理，与施工班组一起复核工程量，提高工程量的正确性。

(2) 负责本工程项目的施工质量，对工程技术质量、安全工作负责。

(3) 熟悉施工图样，了解工程概况，绘制现场平面布置图，搞好现场布局。对设计要求、质量要求、具体做法要有清楚的了解和熟记，组织班组认真按图施工。

(4) 全面负责本工程施工项目的施工现场勘察、测量、施工组织和现场交通安全防护设置等具体工作，组织班组努力完成开路口、路面破复、临时道路修筑等任务，对施工中的有关问题及时解决，向上级报告并保证施工进度。

(5) 参加图样会审，审理和解决图样中的疑难问题，碰到大的技术问题应与业主和设计部门联系，妥善解决。坚持按图施工，分项工程施工前，应写出书面技术交底。

(6) 参与班组技术交底、工程质量交底、安全生产交底、操作方法交底。严守施工操作规程，严抓质量，确保安全，负责对新工人上岗前培训，教育监督工人不违章作业。

（7）编制单位工程生产计划，填写施工日志和隐蔽工程的验收记录，配合质检员整理技术资料和施工质量管理。

（8）对质量低劣或不符合施工规范规定和设计要求的原材料、设备、成品或半成品、安全防护用品等，有权禁止使用。

（9）按照安全操作规程规定和质量验收标准要求，组织班组开展质量、安全自检与互检，努力提高工人技术素质和自我保护能力。对施工现场设置的交通安全设施和机械设备等安全防护装置，经组织验收合格后方可进行工程项目的施工。

（10）认真做好隐蔽工程分部、分项及单位工程竣工验收签证工作，收集、整理、保存技术的原始资料，办理工程变更手续。负责工程竣工后的决算上报。

（11）协助项目经理做好工程资料的收集、保管和归档。

学习任务单

<table>
<tr><td rowspan="3">认识学徒业务岗位</td><td>班级</td><td colspan="3"></td></tr>
<tr><td>姓名</td><td></td><td>学号</td><td></td></tr>
<tr><td>日期</td><td></td><td>评分</td><td></td></tr>
<tr><td colspan="5">（1）小组讨论：你对园路广场施工员的岗位认知是什么？</td></tr>
<tr><td colspan="5"></td></tr>
<tr><td colspan="5">（2）小组讨论：你认为做一名合格的园路广场施工员应该具备什么样的基本素质？</td></tr>
<tr><td colspan="5"></td></tr>
<tr><td colspan="5">（3）小组讨论：你对未来职业规划是什么？</td></tr>
<tr><td colspan="5"></td></tr>
<tr><td colspan="5">（4）小组讨论：当一名合格的施工员应该掌握哪些专业知识？</td></tr>
<tr><td colspan="5"></td></tr>
</table>

【经验之谈】

如何提升自己成为一名优秀的施工员？

凭着在学校优异的学习成绩，与人沟通的能力，全身心地投入企业，在工作当中戒骄戒躁，兢兢业业地工作。不断积累实践经验，经常将大学所学专业知识与工程实践内容相比较，理论最终还将领导实践，使得学以致用。

【考核】

（1）制订学徒岗位实习计划。

（2）制定公司学徒制岗位施工员管理条例。

（3）施工员职业安全与规章制度试卷考核。

【案例分析】

李某为某单位施工员，良好的业务能力和技能知识为他在职业生涯中开了好头。在公司工作期间，他政治立场坚定，组织观念牢固，思想道德品质良好，能够严格遵守公司和项目的各项规章制度，清楚自己所承担的工作责任和义务。自参加工作以来，积极上进，对施工现场工作适应能力很强，有很好的钻研精神和吃苦精神；有一定的群众基础，无论是工作中还是生活中都能得到广大职工的好评。

一、刻苦钻研，成就工作梦想

在毕业后的半年中，他跟随测量师傅努力学习专业知识，在工作中不怕吃苦。当时他在施工队主要负责测量工作，由于施工的特殊性，不管什么时候需要都要随叫随到，他的精神打动了施工队的师傅。随后在师傅的孜孜教诲和自身的刻苦努力下，他的知识水平和业务能力都有了大幅度提高。半年后，他以熟练的业务能力和吃苦耐劳的精神被领导认可并委以重任，独立担任两个工区的测量工作。在测量工作中，他细心认真，勤奋刻苦，未出现任何测量事故。由于当时住在现场组，他常常要加班加点，无论什么时候需要测量，他都能做到随叫随到，在施工队中也得到其他人的认可。直到 2016 年 9 月，由于项目部的全部测量工作由他一人负责，他才由现场组调入项目部。在项目部，整个测量工作任务繁重，涉及面广，可这些丝毫都没有影响他，他毫无怨言，化压力为动力，白天跑工地，晚上做资料，外业内业都做得井井有条。

二、精益求精，方显工匠精神

2017 年 6 月下旬，公司中标项目后，备受领导器重的他被调入新项目部担任测量班班长。他在调入工地时，该工地处于工程过半。虽然对控制测量没有实践经验，但是他没有让大家失望，主动要求自己一人独立进行导线测量。于是，他晚上通过看书学习熟悉理论知识，白天在工地上实践，最终以高精度高速度完成自己的第一次导线测量。他这种勤劳敢闯的精神获得大家的肯定。

三、积极奉献，提高思想觉悟

他热爱集体，关心同事，以礼待人，有极好的人缘。同时，他也深深地意识到作为一名合格的企业职工，不只意味着一份荣耀，更是一种责任，需要以无私、奉献的心去面对人和事，这一点在他的身上毫无疑问地表现出来。不管在工作上还是生活上，他都时时刻刻严格要求自己，同时也在努力提高自己的思想觉悟。他正在努力申请加入中国共产党，迫切想成为党组织的一员，让自己在思想上有更高的认识，为企业多做贡献。

四、树立企业形象，坚定人生信念

参加工作几年来，他始终把企业的利益放在首位，将领导的重托挂在心上，诚实守信，树立企业形象，规范测量，严格把关。他团结和带领全体新学员，圆满地完成了新学员应尽的义务。在工作、学习和生活中久经磨砺的他，始终相信坚实的人生基础是后续发展的根基，而他也必然凭借坚毅、执着的精神和为企业奉献的信仰在人生的道路上取得更大进步。

入职培训专题 5
岗位工作技术设备与安全生产

第一节　园路广场施工岗位工作技术设备

园路基路面施工的主要机械包括铲土运输、挖掘、拌和、摊铺、碾压等机械。土方施工中常使用的铲土运输机械有推土机、铲运机、挖土机、装载机等。各种机械的特性在使用说明书中都有比较详尽的介绍，可以参看机械说明书了解。

1. 推土机

推土机是土石方工程施工中的主要机械之一，它由拖拉机与推土工作装置两部分组成，其行走方式有履带式和轮胎式两种。传动系统主要有机械传动和液压机械传动两种。工作装置的操纵方式分液压操纵与机械操纵。推土机具有操纵灵活、运转方便、工作面积小、既可挖土又可做较短距离（100 m 以内，一般 30～60 m）运送、行驶速度较快、易于转移等特点。推土机适用于场地平整、开沟挖池、堆山筑路、叠堤坝修梯台、回填管沟、推运碎石、松碎硬土及杂土等。根据需要，也可配置多种作业装置，如配置松土器，可以破碎三四级土壤；配置除根器，可以拔除直径在 450 mm 以下的树根，并能清除直径在 400～2500 mm 的石块；配置除荆器，可以切断直径 300 mm 以下的树木。推土机的工作距离在 50 m 以内时经济效益最好。图 2-1 是较为典型的 T2-60 型推土机的外形和构造示意图。

2. 铲运机

铲运机在土方工程中主要用来铲土、运土、铺土、平整和卸土等。它本身能综合完成铲、装、运、卸四个工序，能控制填土铺撒厚度，并通过自身行驶对卸下的土壤进行初步的压实。铲运机对运行的道路要求较低，适应性强，投入使用准备工作简单，

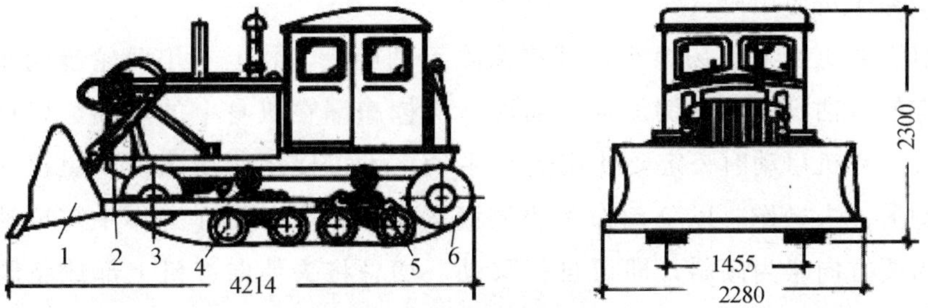

图 2-1　T2-60 型推土机的外形和构造示意图（单位：mm）

1. 推土刀　2. 液压油缸　3. 引导轮　4. 支重轮　5. 拖带轮　6. 驱动轮

具有操纵灵活、转移方便与行驶速度较快等优点。因此适用范围较广，如筑路、挖湖、堆山、平整场地等均可使用。

铲运机按其行走方式分为有拖式铲运机和自行式铲运机两种；按铲斗的操纵方式区分，有机械操纵（钢丝绳操纵）和液压操纵两种。拖式铲运机由履带拖拉机牵引，并使用装在拖拉机上的动力绞盘或液压系统对铲运机进行操纵，目前普遍使用的铲斗容量有 2.5 m^3 和 6 m^3 两种。自行式铲运机由牵引车和铲运斗两部分组成。目前普遍使用的铲斗容量有 6 m^3 和 7 m^3 两种。

3. 平地机

在土方工程施工中，平地机主要用来平整路面和大型场地，还可以用来铲土、运土、挖沟渠、刮液、拌和砂石、拌和水泥材料等。装有松土器，可用于疏松硬实土壤及清除石块。也可加装推土装置，用以代替推土机的各种作业。

平地机有自行式和拖式之分。自行式平地机工作时依靠自身的动力设备；拖式平地机工作时要由履带式拖拉机牵引。

4. 液压挖掘装载机

DY4-55 型液压挖掘装载机是在铁牛-55 型轮式拖拉机上配装各种不同性能的工作装置而成的施工机械。它的最大特点是一机多用，提高机械的使用率。整机结构紧凑，机动灵活，操纵方便，各种工作装置易于更换。并且这种机械带有反铲、装载、起重、推土、松土等多种工作装置，用以完成中、小型土方开挖，散状材料的装卸，重物吊装，场地平整，小土方回填及松碎硬土等作业，尤其适应园林工程建设的特点和要求。

5. 压实机械

（1）内燃式夯土机。内燃式夯土机（夯土机简称夯机）是根据两冲程内燃机的工作原理制成的一种夯实机械。除具有一般夯实机械的优点外，还能在无电源地区工作。在经常需要短距离变更施工地点的工作场所，更能发挥其独特的优点。

内燃式夯土机主要由汽缸头、汽缸套、活塞、卡圈、锁片、边杆、夯足、法兰盘、内部弹簧、封圈、夯锤、拉杆等部分组成。

内燃式夯土机使用要点：

当夯机需要更换工作场地时，可将保险手柄旋上，装上专用两轮运输车运送。夯机应按规定的汽油机燃油比例加油。加油后应擦净漏在机身上的燃油，以免碰到火种而发生火灾。夯机启动时一定要使用启动手柄，不得使用代用品，以免损伤活塞。严禁一人启动另一人操作，以免动作不协调而发生事故。夯机在工作中需要移动时，只要将其往需要方向略为倾斜，即可自行移动。切忌将头伸向夯机上部或将脚靠近夯机底部，以免碰伤头部或脚部。夯实时夯土层必须摊铺平整，夯机不能打坚石、金属及硬的土层。在工作前及工作中要随时注意各连接螺钉有无松动现象，若发现松动，应立即停机拧紧。特别应注意汽化器气门导杆上的开口锁，若已变形或松动，应及时换新，否则在工作时锁片脱落会使气门导杆掉入汽缸内造成重大事故。为避免发生偶然点火、夯机突然跳动造成事故，在夯机暂停工作时，必须旋上保险手柄。在夯机工作时，附近 1 m 范围之内不准站立非操作人员。在多台夯机并列工作时，其间距不得小于 1 m；在串联工作时，其间距不得小于 3 m。

长期停放夯机时，应将保险手柄旋上顶住操纵手柄，关闭油门，旋紧汽化器顶针，将夯机擦净，套上防雨套，装上专用两轮车推到存放处，并应在停放前对夯机进行全面保养。

（2）蛙式电动夯土机。蛙式电动夯土机适用于水景、道路、假山、建筑等工程的土方夯实及场地平整；对施工中槽宽 0.5 m 以上，长 3 m 以上的基础、基坑、灰土进行夯实，以及较大面积的填方及一般洒水回填土的夯实工作等。

蛙式电动夯土机主要由夯头、夯架、传动轴、底盘、手把及电动机等组成。

蛙式电动夯土机使用要点：

安装后各传动部分应保持转动灵活，间隙适合，不宜过紧或过松。安装后要严格检查各紧固螺栓和螺母的紧固情况，保证其牢固可靠。在安装电器的同时，必须安置接地线。开关电门处管的内壁应填以绝缘物。在电动机的接线穿入手把的入口处，应套绝缘管，以防电线磨损漏电。操作前首先应检查电路是否合乎要求，地线是否接好，各部件是否正常，尤其要注意偏心块和带轮是否牢靠。然后进行试运转，待运转正常后才能开始作业。操作和传递导线人员都要戴绝缘手套和穿绝缘胶鞋以防触电。夯机在作业中需穿线时，应停机将电缆线移至夯机后面，禁止在夯机行驶的前方隔机扔电线，电线不得扭结。

夯机作业时不能打冰土、坚石和混有砖石碎块的杂土以及一边偏硬的回填土。同时应注意地下建筑物，以免触及夯板造成事故。在边坡作业时应注意坡度，防止翻倒；夯机前进方向不准站立非操作人员。两机并列工作的间距不得小于 5 m，串联工作的间距不得小于 10 m；作业时电缆线不得张拉过紧，应保证 3～4 m 的松余量。递线人应依照夯实线路随时调整电缆线，以免发生缠绕与扯断的危险；工作完毕之后，应切断电源，卷好电缆线，如有破损，应用胶布包好。长期不用时，应进行一次全面检修保养，并应存放在通风干燥的室内，机下应垫好垫木，以防机件和电器潮湿损坏。

第二节　园路广场施工岗位企业安全生产制度要求

在项目经理的直接领导下开展工作，贯彻“安全第一、预防为主”的方针，按规定搞好安全防范措施，把安全工作落到实处，做到“讲效益必须讲安全，抓生产首先必须抓安全”。

（1）进入施工现场的人员必须正确佩戴和使用个人劳动保护用品。不准赤脚、赤膊，不准穿拖鞋、高跟鞋。

（2）施工现场的一切安全防护设施齐全有效，不准拆改和擅作他用。非本工种人员严禁动用各类机械电器设备，特殊工种必须持证上岗。

（3）现场人员严禁攀登脚手架、井字架、外用电梯等，禁止打闹、酒后作业，高空作业人员严禁向下抛扔任何物件，防止意外事故发生。

（4）职工安全教育率达100%，经考试合格后方可上岗。对变换工种、换岗及新入场工人、临时参加生产人员，应视同新工人，一并进行岗前安全教育培训，合格后方可上岗。

（5）对现场的新机具、新设备、新工艺，应由有关技术部门制订操作规程，并对操作人员进行专门培训。

（6）对从事有毒有害作业的人员，由卫生部门及其他有关部门在工作前进行防毒防害教育，之后方可上岗。

（7）项目部每月对现场进行二次安全检查，不留死角。职能人员每月巡视检查，发现隐患，及时解决，严格执法。

（8）施工负责人要认真按方案执行，做好分项工程有针对性的安全技术交底，跟踪管理到位。

（9）班组安全生产中的长期目标，是班组安全生产实现标准化、规范化、制度化和各类安全事故为零。

（10）班组要认真执行施工负责人的安全技术交底和班前安全活动。

（11）坑、槽施工应经常检查边坡土质稳固情况，若发现有裂纹、疏松或支撑走动，要随时采取加固补救措施。

（12）从事高空作业的人员要定期体检，凡发现有高血压、心脏病、贫血、癫痫病以及其他不适于高空作业的人员，不得从事高空作业。

（13）遇有恶劣天气（如风力在六级以上）影响施工安全时，禁止露天高空作业。

(14) 机械作业时，作业人员不得擅自离开工作岗位或将机械交给非操作人员操作。

(15) 电动工具在使用中不得任意调换插头，更不能将插头用导线直接插入插座内。当电动工具不用或需调换工作时应及时拔下插头，但不能拉着电源线拔下插头，插上插头时，开关应在断开位置，以防突然起动。

(16) 机电设施设备在使用过程中要经常检查，如发现问题（绝缘层损坏、电缆线或电缆护套破裂、接地线脱落、插头插座开裂、接触不良以及机械断续运转等），应立即停止使用，进行维护修理。

(17) 照明灯具的距地高度，室内不低于 2.4 m，室外不低于 3 m，灯线应架设整齐，相线和零线应分开固定或用橡皮护套铜芯软电缆。

(18) 施工过程中，各施工班组要认真做好工完场清工作，实行包干责任制。

(19) 现场的暂设工程，规矩整齐，现场道路畅通、场地平整，建立良好的排水系统，现场各种材料要堆码整齐并设有标识。

(20) 现场内有关安全标志，危险地段要设红灯示警，并且不得随意破坏。

(21) 禁止非施工人员进入施工现场。

入职培训专题6

岗位培养目标

一、 职业素质目标

（1）具有良好的思想品德、社会公德和职业道德，无违法乱纪情况产生，无处分发生。

（2）团结互助，乐于奉献，为民族团结发挥自己的力量。学习期间做好结对子活动，交一个其他民族的朋友，读一本其他民族的名著，写一个我和结对子同学的故事。

（3）勇于创新，勤于思考。具备在工作中发现问题、提出问题、分析问题及解决问题的能力，具备适应社会的能力。至少参加一次创新创业活动，每次企业实习后完成岗位认知心得，其中包含自我问题分析及解决办法。

（4）在施工工作中，做到精益求精，深刻理解细节决定质量的道理，将工匠精神体现在日常工作中。每学期书写工匠精神学习心得2篇，每个专业课程内完成自己认为具备工匠精神的作品1个。

（5）具有民主与法制意识，放眼“一带一路”的国际意识、竞争意识、环境意识、可持续发展意识以及“互联网＋”意识。每个学期查找2篇与以上内容相关的案例，并针对案例进行分析，阐述自身观点。

二、 专业知识目标

（1）会查找和运用园林施工的各项法规与规范。

（2）能进行园路广场工程施工图识别和施工现场勘查，并熟悉图纸会审程序与主要内容；会解读园路及广场施工图，明确工程范围、规模、项目内容、材料；明确技术标准、质量标准等。

（3）熟悉常见园路、广场的构造与材料，能列出材料明细表（材料、数量、种类、要求等）。

（4）会熟练利用测量放线工具，做好测量放样和定位工作。

（5）能看懂竖向设计图、地形图、园路广场施工图，并会按图施工以及采取相应的安全和维护措施。

（6）会规范、安全地使用常见机具，完成土方开挖、基层夯实、垫层施工、面层施工等施工任务。

（7）熟练掌握原始资料的计算复核工作，能定期完成业务统计工作，认真做好统计分析，及时完成计划任务。

（8）能对所有原始资料进行定期整理，会对项目范围内的图纸、文件、竣工等各类资料进行整理，并装订成册，做好归档、保管工作。

入职培训专题7

制订学徒培养计划

一、学徒学习计划

学徒岗位课程培训与工作任务（或项目）	培训与工作学习内容	培训、工作学习组织	学习产出目标	活动组织
企业岗前培训	企业文化、企业人事、企业组织管理制度、考勤制度、安全生产知识	（1）由企业各部门主管按照新员工进行轮训。 （2）在企业师傅指导下制订学徒期间的工作计划、学习计划和专题研修计划	（1）了解企业管理结构、发展环境。 （2）了解企业对技术员的业务和行为规范要求，自身职业生涯发展。 （3）制订学徒期间的工作计划、学习计划和专题研修计划	企业专题培训
1. 施工准备	（1）识读工程项目施工图	由学徒企业师傅组织学徒会同项目经理共同研读该项目的施工图	正确识读园路、广场项目全套施工图	施工项目跟进
	（2）识读施工进度横道图、网络图	由学徒企业师傅组织学徒会同项目经理共同研读该项目的施工组织设计	（1）能够精确读懂施工组织进度横道图、网络图。 （2）能够在师傅的帮助下编制施工进度计划横道图	
	（3）阅读施工验收标准、规范、施工预算等资料	由学徒企业师傅组织学徒会同项目经理共同研读该项目的验收标准、工程预算资料	能够看懂工程预算书，明确知道此项工程的成本控制点	

续表

学徒岗位课程培训与工作任务（或项目）	培训与工作学习内容	培训、工作学习组织	学习产出目标	活动组织
2. 施工测量放线	按照设计图纸进行道路、广场施工放线（了解各种测量工具的使用）	项目化教学，在学徒制企业的施工工地由师傅指导进行。同时协同工地安全员注重施工现场安全意识的培养，遵守各类施工验收规范	（1）能够准确高效地使用RTK、经纬仪、水准仪、尺子、全站仪。 （2）掌握施工网放线、坐标控制点放线的常规操作方法。能够按照图纸正确进行施工网放线、坐标控制点放线。 （3）正确地按照设计图纸进行园路或广场的放线	施工项目跟进
3. 修筑路槽	按照设计路面的宽度每侧放出20 cm的挖槽，路槽的深度等于路面的厚度，槽底应有2%～3%的横坡度。路槽做好后，在槽底洒水，使其潮湿，然后用打夯机夯2～3遍，最后进行质量实验	项目化教学，在学徒制企业的施工工地由师傅指导进行。同时协同工地安全员注重施工现场安全意识的培养，遵守各类施工验收规范	（1）按图施工。 （2）施工位置正确。 （3）达到施工质量要求	施工项目跟进
4. 基层施工	（1）摊铺碎石。 （2）稳压。 （3）撒填充材料。 （4）压实。 （5）铺撒嵌缝料。 （6）碾压	项目化教学，在学徒制企业的施工工地由师傅指导进行。同时协同工地安全员注重施工现场安全意识的培养，遵守各类施工验收规范	（1）按图施工。 （2）施工位置正确。 （3）施工技法正确。 （4）达到施工质量要求	施工项目跟进
5. 结合层施工	砂浆材料相关知识，各类砂浆的配比、拌法	在学徒制企业的施工工地由师傅指导进行。同时协同工地有经验的技术人员、大工共同进行经验传授	（1）按图施工。 （2）施工方法正确。 （3）砂浆配比正确、搅拌方法正确。 （4）达到施工质量要求	施工项目跟进
6. 面层施工	打桩、会放线，会支挡板，熟知施工工序和工艺	在学徒制企业的施工工地由师傅指导进行	（1）按图施工。 （2）施工方法正确。 （3）达到施工质量要求	施工项目跟进
7. 道牙、边条施工	道牙地层、结合层施工工艺	在学徒制企业的施工工地由师傅指导进行。同时协同工地有经验的技术人员、大工共同进行经验传授	（1）按图施工。 （2）施工方法正确。 （3）达到施工质量要求	施工项目跟进

续表

学徒岗位课程培训与工作任务（或项目）	培训与工作学习内容	培训、工作学习组织	学习产出目标	活动组织
8. 竣工验收	（1）完成任务，申请项目验收。 （2）配合甲方验收。 （3）绘制施工图	（1）国家的关于验收的程序。 （2）验收的规范及标准。 （3）验收材料的准备	（1）按照正确程序申请项目竣工验收。 （2）准确记录验收意见并有针对性地快速进行整改	施工项目跟进
学徒培养总结	企业师傅指导学徒系统总结学徒期间三项计划的完成情况，形成学徒总结。专题研修报告具有一定的技术含量	总结、指导、审阅修改总结报告和研修报告	（1）学徒培养总结报告。 （2）学徒岗位工作总结报告。 （3）学徒培养学习成果报告。 （4）专题研修技术报告或论文	施工项目跟进
职业品质与工匠精神培养	政治立场坚定，组织观念强，勤劳敢闯，热爱集体，关心同事，以礼待人，诚实守信，吃苦耐劳，思想道德品质良好			
工作学习资源	职业教育园林工程施工与管理教学资源库			
学徒学业考核评价方案	按照学院学徒制试点改革方案，学徒学业评价给予企业学徒岗位工作情景，充分体现社会化学习成果和岗位工作成果，注重关键职业能力和技术技能的掌握运用。 学徒学业考核由三个部分组成：			

企业岗位考核（20%）		企业师傅观察性考核（20%）		学徒量化学习产出目标考核（60%）		
按企业员工同等要求的月考核结果		企业师傅在以师带徒的过程中对学徒的工作态度、行为规范、职业品质、工匠精神和专业知识掌握应用能力进行观察性考核		学徒岗位完成工作任务量化技术技能操作运用能力考核		
				序号	技术技能名称	评价结果
月份	考核结果	项目	等级(A/B/C/D)			
		工作态度				
		行为规范				
		职业品质				
		工匠精神				
		专业知识掌握应用能力				

二、 学徒工作计划

岗位工作任务（或项目）	工作过程与技术、质量要求	专业知识要求	技术技能要求及综合职业能力要求
施工前期准备	熟悉施工文件要求： (1) 要反复学习领会施工图纸中的要素。 (2) 要注意施工图纸中所采用的各项技术指标，认真考虑其技术的合理性和施工的可能性。 (3) 注意路面结构组合设计的形式和特点。 (4) 在熟悉施工图纸文件过程中，如有疑问（错误、不妥之处）要及时与有关单位联系，共同研究解决。 (5) 进行施工安全生产的岗前培训	(1) 具备施工图读图能力。 (2) 了解市政工程各项标准指标。 (3) 熟知施工工艺。 (4) 具备一定的工程造价知识。 (5) 具备施工材料知识	(1) 能够看懂市政各类施工图纸。 (2) 能够准确读图，熟知施工标准和施工工艺。 (3) 能够编制施工方案。 (4) 具有良好的沟通和协调能力
园路广场施工现场准备	(1) 修建临时工棚。 (2) 场地清理。 (3) 便道便桥。 (4) 备料	(1) 具备一定的测量专业知识。 (2) 具备施工材料、机械的相关知识	能够使用常用的测量工具，能够对施工材料、机械进行分类，能够根据工程情况合理安排施工现场的人力、物资、机械
施工放线	按施工图纸和施工要求，在园路地面上按路面设计中心线 20～50 m 放一中心桩，广场每隔 10 m 放一个桩。中心桩写明编号，以中心桩为准确定边桩，然后放出路面或广场的平曲线	(1) 具备测量的专业知识。 (2) 具备良好的识图能力	(1) 会用 RTK、经纬仪、水准仪、全站仪等常用测量工具。 (2) 能够准确识读施工图纸。 (3) 能够按图精准放线
修筑路槽	按照设计路面的宽度每侧放出 20 cm 的挖槽，路槽的深度等于路面的厚度，槽底应有 2%～3% 的横坡度。路槽做好后，在槽底洒水，使其潮湿，然后用打夯机夯 2～3 遍，最后进行质量实验	(1) 具备测量的专业知识。 (2) 具备良好的识图能力。 (3) 具备道路施工的相关知识	(1) 会使用打夯机。 (2) 能够测量。 (3) 会进行压实度实验
基层施工	(1) 摊铺碎石。 (2) 稳压。 (3) 撒填充材料。 (4) 压实。 (5) 铺撒嵌缝料。 (6) 碾压	懂得干结碎石基层和天然级配砂砾，懂得石料强度，懂得摊铺、稳压、碾压工序	(1) 能够对碎石进行分级，能够熟知各类压路机、平地机、打夯机性能。 (2) 能够指挥人员、机械按照标准进行基层施工

续表

岗位工作任务（或项目）	工作过程与技术、质量要求	专业知识要求	技术技能要求及综合职业能力要求
结合层施工	一般用M7.5的水泥、白灰、砂混合砂浆或1∶3的白灰砂浆，砂浆摊铺宽度应大于铺装面5～10 cm，已拌好的砂浆应当日用完，特殊石材铺地结合层采用M10水泥砂浆	具备砂浆材料相关知识，指导各类砂浆的配比、拌法	（1）会拌砂浆。 （2）能够根据实际工程材料要求合理选择结合层砂浆
面层施工	在完成的路面基层上，重新定点、放线，每10 m一施工段落，根据设计标高、路面宽度，定放边桩、中桩，打好边线、中线。设置整体现浇路面边线处的施工挡板，确定切块路面的切块数及拼接方式。面层材料运入现场	（1）能够准确定点、放线。 （2）能够进行切块路面的切块数计算	（1）会打桩、放线、支挡板，熟知施工工序和工艺。 （2）能够指挥人员、机械按照标准进行施工
道牙、边条施工	道牙基础填挖碾压（与地床同时进行），结合层用1∶3的水泥砂浆铺2 cm，用M10水泥砂浆勾缝，道牙背后要用灰土夯实，宽度为50 cm，厚度为15 cm，密实度为90%。边条用于较轻的荷载处，且尺寸较小，一般宽为5 cm，高为15～20 cm，特别适用于步行道、草地或铺砌场地的边界	能够熟悉各类砂浆，会测密实度	（1）能够准确识别图纸，按图施工。 （2）能够指挥人员、机械按照标准进行施工
工程验收	参与园路广场中的分项工程的施工验收，记录要求详细、完整	能够对工程的质量进行评价和形成验收意见	（1）能够进行现场工程实地的验查工作。 （2）能够针对验收要求当中的内容进行及时整改

三、 专题研修计划

（一） 需要具备的基础知识

（1）专业知识：①施工图纸读图知识；②地形土方知识；③施工测量知识；④材料识别知识；⑤园路广场施工工艺知识；⑥工程验收相关知识。

（2）法律知识：①《中华人民共和国安全生产法》；②《建设工程安全生产管理条例》；③《中华人民共和国消防法》；④《安全生产许可证条例》；⑤《生产安全事故报告和调查处理条例》。

（3）安全知识：①安全使用机械知识；②安全用电知识；③安全防火知识；④安全消防知识；⑤安全生产知识。

（4）企业经营管理知识：①企业组织机构与管理流程；②企业财务管理知识；③企业文化；④企业人力资源管理与员工职业生涯规划。

（二）具体的专题研究计划

（1）园路广场施工图纸读图知识专题研修计划。

（2）园路广场材料识别专题研修计划。

（3）园路施工工艺知识专题研修计划。

（4）广场施工工艺知识专题研修计划。

（5）园路广场施工岗安全生产专题研究计划。

第三部分

学徒工作学习任务

The third part

The third part

The third part

The third part

任务1
识读园路、广场施工图

在师傅指导带领下，识读公司项目施工图中的园路、广场部分，了解施工用地情况、施工材料、施工量大小以及施工工艺等要求，明确该项目中的园路、广场的施工任务。

一、 园路的平面线形

园路的线形包括平面线形与纵断面线形。线形合理与否，不仅关系到园林景观序列的组织与表现，也直接影响道路的交通和排水功能。平面线形即园路中心线的水平投影形态。

1. 线形种类

(1) 直线。在规则式园林绿地中，多采用直线形园路。因其线形平直、规则，方便交通。

(2) 圆弧曲线。道路转弯或交会时，考虑行驶机动车的要求，弯道部分应用圆弧曲线连接，并具有相应的转弯半径。

(3) 自由曲线。曲率不等且随意变化的自然曲线称为自由曲线。在以自然式布局为主的园林游步道中多采用此种线形，可随地形、景物的变化而自然弯曲，柔顺流畅和协调。

2. 设计与施工要求

(1) 对于总体规划时确定的园路平面位置及宽度应再次核实，并做到主次分明。在满足交通要求的情况下，道路宽度应趋于下限值，以扩大绿地面积的比例。

(2) 行车道路转弯半径在满足机动车最小转弯半径条件下，可结合地形、景物灵活处置。

(3) 园路的曲折迂回应有目的性。一方面，曲折应该是为了满足地形地物及功能上的要求，如避绕障碍、串联景点、围绕草坪、组织景观、增加层次、延长游览路线、扩大视野等；另一方面，应避免无艺术性、功能性和目的性的过多弯曲。

3. 平曲线最小半径

当车辆在弯道上行驶时，为了使车体顺利转弯，保证行车安全，要求弯道外侧部分应为圆弧曲线，该曲线称为平曲线［图 3-1（a）］，其半径称为平曲线半径。由于园路的设计，车速较低，一般可以不考虑行车速度，只要满足汽车本身前后轮间距的最小转弯半径即可。因此平曲线最小半径一般不小于 6 m。

4. 曲线加宽

当汽车在弯道上行驶时，由于前轮的轮迹较大，后轮的轮迹较小，出现轮迹内移现象，同时，本身所占宽度也较直线行驶时大，弯道半径越小，这一现象越严重。为了防止后轮驶出路外，车道内侧（尤其是小半径弯道）需适当加宽，称为曲线加宽［图 3-1（b）］。

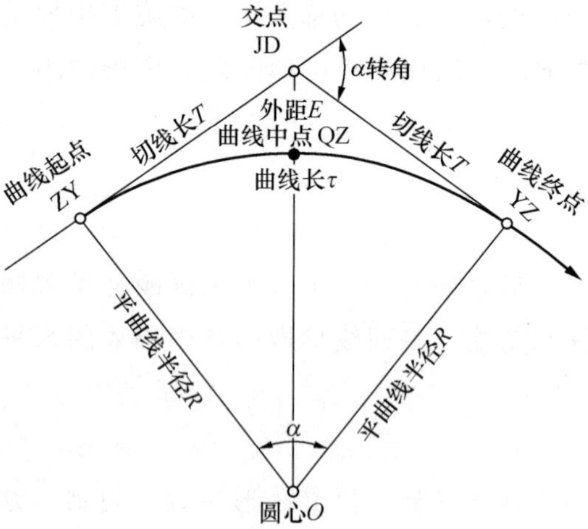

(a) 平曲线

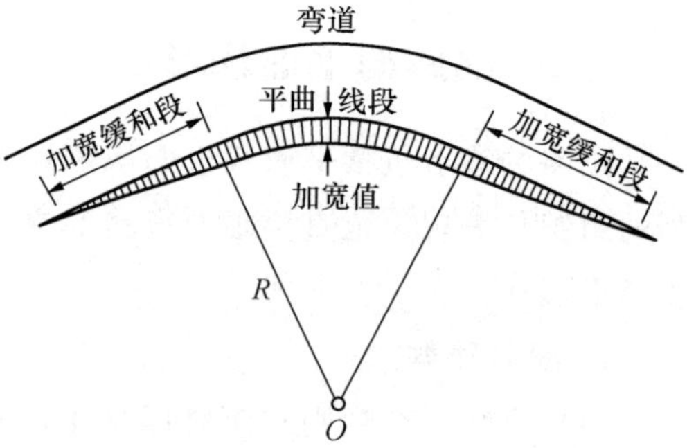

(b) 曲线加宽

图 3-1 平曲线与曲线加宽

①曲线加宽值与车体长度的平方成正比，与弯道半径成反比。②当弯道中心线平曲线半径 $R>200$ m 时可不必加宽。③为使直线路段上的宽度逐渐过渡到弯道上的加宽值，需设置加宽缓和段。④园路的分支和交会处，为了通行方便，应加宽其曲线部分，使其线形圆润、流畅，形成优美的视角效应。

二、园路的纵断面线形

园路的纵断面线形即道路中心线在其竖向剖面上的投影形态，它随地形坡度的变化而呈连续的折线。在折线交点处，为使行车平顺，需设置一段竖曲线。

1. 线形种类

（1）直线：表示路段中坡度均匀一致，坡向和坡度保持不变。

(2) 竖曲线：两条不同坡度的路段相交时，必然存在一个变坡点。为使车辆安全平稳通过变坡点，需用一条圆弧曲线把相邻两个不同坡度线连接，这条曲线位于竖直面内，故称竖曲线。当圆心位于竖曲线下方时，称凸形竖曲线。当圆心位于竖曲线上方时，称凹形竖曲线，如图 3-2 所示。

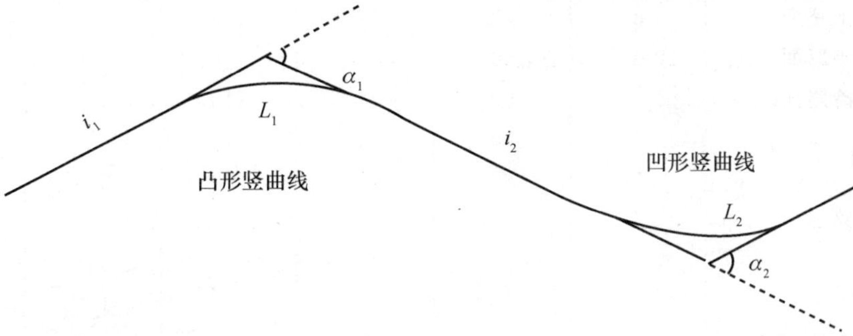

图 3-2　凸、凹形竖曲线

2. 设计与施工要求

(1) 园路根据造景的需要，应随形就势，一般随地形的起伏而起伏，园路应与相连的广场、建筑物和城市道路在高程上有合理的衔接。

(2) 在满足造景艺术要求的情况下，尽量利用原地形，以保证路基稳定，减少土方量。行车路段应避免过大的纵坡和过多的折点，使线形平顺。

(3) 园路应配合组织地面排水，纵断面控制点应与平面控制点一并考虑，使平、竖曲线尽量错开，注意与地下管线的关系，达到经济、合理的要求。

(4) 行车道路的竖曲线应满足车辆通行的基本要求，应考虑常见机动车辆外形尺寸对竖曲线半径及会车安全的要求。

3. 纵横向坡度

(1) 纵向坡度。即道路沿其中心线方向的坡度。园路中，行车道路的纵坡一般为 0.3％～8％，以保证路面水的排除与行车的安全；游步道、特殊路段应不大于 12％。

(2) 横向坡度。即道路垂直于其中心线方向的坡度，为了方便排水，园路横坡一般在 1％～4％，呈两面坡。弯道处因设超高而呈单向横坡。不同材料路面的排水能力不同，其所要求的纵横坡度也不同。

(3) 弯道超高。当汽车在弯道上行驶时产生横向推力，即离心力。这种离心力的大小与行车速度的平方成正比，与平曲线半径成反比。为了防止车辆向外侧滑移及倾覆，抵消离心力的作用，就需将路的外侧抬高，即弯道超高。设置超高的弯道部分（从平曲线起点至终点）形成了单一向内侧倾斜的横坡。为了便于直线路段的双向横坡与弯道超高部分的单一横坡有平顺衔接，应设置超高缓和段。

各种类型路面的纵横坡度见表 3-1。

表 3-1 各种类型路面的纵横坡度

路面类型	纵坡坡度/%				横坡坡度/%	
	最小	最大		特殊	最小	最大
		游览大道	园路			
水泥混凝土路面	3	60	70	100	1.5	2.5
沥青混凝土路面	3	50	60	100	1.5	2.5
块石、炼砖路面	4	60	80	110	2	3
卵石路面	5	70	80	70	3	4
粒料路面	5	60	80	80	2.5	3.5
改善土路路面	5	60	60	80	2.5	4
游步小道	3		80		1.5	3
自行车道		30			1.5	2
广场、停车场	3	60	70	100	1.5	2.5
特别停车场	3	60	70	100	0.5	

三、园路路口施工要求

园林道路系统有套环式、条带式和树枝式三种布局形式。这三种园路系统中，道路与道路相交叉，道路与场地相贯通，道路与建筑相连接，都必定会产生许多的路口。路口是园路建设的重要组成部分，必须精心施工，做好安排。

1. 路口施工的基本要求

(1) 从规则式园路系统和自然式园路系统的相互比较情况来看，规则式园路系统中十字路口比较多，而自然式园路系统中则以三岔路口为主，其处理方式也相应不同(图 3-3)。道路相交时，除山地陡坡地形之外，一般应尽量采取正相交方式。锐角部分还应采用足够的转弯半径，设计为圆形的转角。路口处形成的道路转角，如属于阴角，可保持直角状态；如属于阳角，则应设计为斜边或改成圆角。

(2) 尽量减少相交道路的条数。在自然式系统中过多采用十字路口，将会降低园路的导游特性，有时甚至会造成游览路线的紊乱，严重影响游览活动。就是在规则式园路中，从加强导游性来考虑，路口设置也应少一些十字路口，多一些三岔路口。在路口处，要尽量减少相交道路的条数，避免因路口过于集中而造成游人在路口处犹疑不决、无所适从的现象。

(3) 具有中央花坛的路口按照规则式地形进行设计。园路交叉口中央设计有花坛、花台时，各条道路都要以其中心线与花坛的轴心相对，不要与花坛边线相切。路口的平面形状应与中心花坛的形状相似或相适应。

(4) 路口处要考虑安全视距通车。园路和城市绿化街道的路口，要注意车辆通行的安全，避免交通冲突。在路口设计或路口的绿化设计中，要按照路口视距三角形关

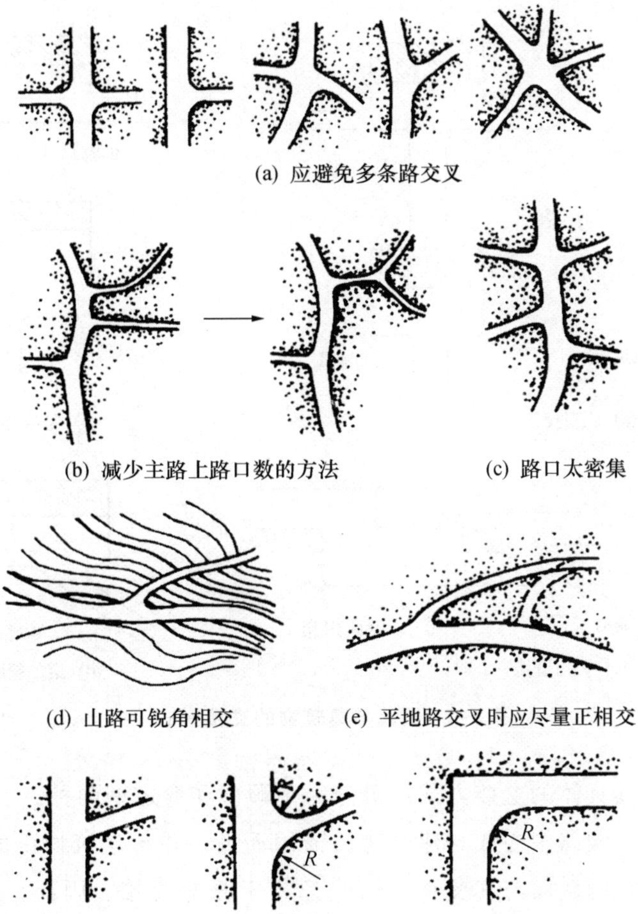

(a) 应避免多条路交叉

(b) 减少主路上路口数的方法　　(c) 路口太密集

(d) 山路可锐角相交　　(e) 平地路交叉时应尽量正相交

(f) 不宜成尖角相交　(g) 应相交为圆角　(h) 阴角为直角，阳角为圆角

图 3-3　园路路口形式及其转角

系，留足安全视距。由两条相交园路的停车视距作为直角的边长，在路口处所形成的三角形区域，即视距三角形。在此三角形内不得有阻碍驾驶人员视线的障碍物存在。

2. 园路与建筑物的交接

在园路与建筑物的交接处，常常能形成路口。从园路与建筑物相互交接的实际情况来看，一般都是在建筑近旁设置一块较小的缓冲场地，园路则通过这块场地与建筑物相交接。多数情况下都应这样处理，但一些起过道作用的建筑，如路亭、游廊等，也常常不设缓冲小场地。根据对园路和建筑物相互关系的处理和实际工程设计中的经验，可以采用以下几种方式（图 3-4）来处理二者之间的交接关系。

（1）正对交接。园路中心线与建筑长轴相垂直，并正对建筑物的正中部位，与建筑相交接。根据正对交接形成路口的情况，这种交接方式还可以有十字形、丁字形、通道式和尽端式四种具体处理方式。

（2）平行交接。建筑物的长边与园路中心线相平行，园路与建筑物的交接关系是

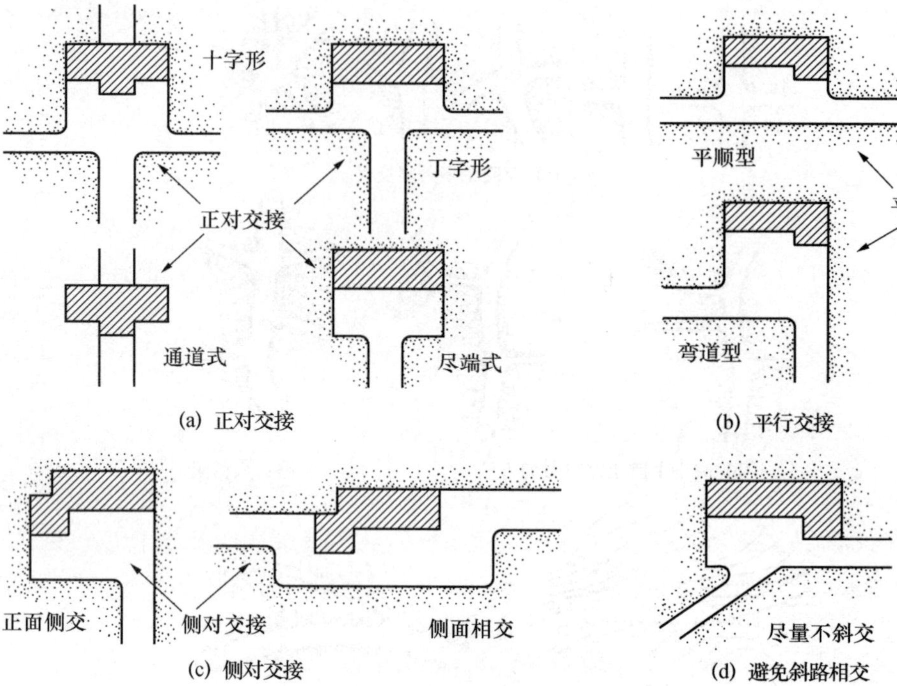

图 3-4　园路与建筑物的交接形式

相互平行的关系。其具体的交接方式还可分为平顺型和弯道型两种。

（3）侧对交接。园路中心线与建筑物长轴相垂直，并与建筑物正面的一侧相交接；或者，园路从建筑物的侧面与其交接，这些都属于侧对交接。因此，侧对交接也有正面侧交和侧面相交两种处理情况。

实际处理园路与建筑物的交接关系时，一般都应尽量避免斜路相交，特别是正对建筑某一角的斜交，冲突感很强，一定要加以改变。对不得不斜交的园路，要在交接处设一段短的直路作为过渡，或者将交接处形成的锐角改为圆角。

3. 园路与广场的交接

园路与广场的交接，如图 3-5 所示，主要受场地设计形式的制约。

（1）与规则式场地的交接。场地形状是规则式的，则园路与其交接的方式就与和建筑物交接时相似，即可有平行交接、正对交接和侧对交接等方式。对于圆形、椭圆形场地，园路在交接中要注意，应以中心线对着场地轴心（即圆心）进行交接［图 3-5（a）］，而不要随意与圆弧相切交接。这就是说，在圆形场地的交接应当是严格的规则对称的，因为圆形场地本身就是一种多轴对称的规则形。

（2）与自然式场地的交接。若是与不规则的自然式场地相交接，园路的接入方向和接入位置就没有多少限制了。只要不过多影响园路的通行、游览功能和场地的使用功能，采取何种交接方式完全可依据设计而定。以图中自然式场地交接情况为例，若

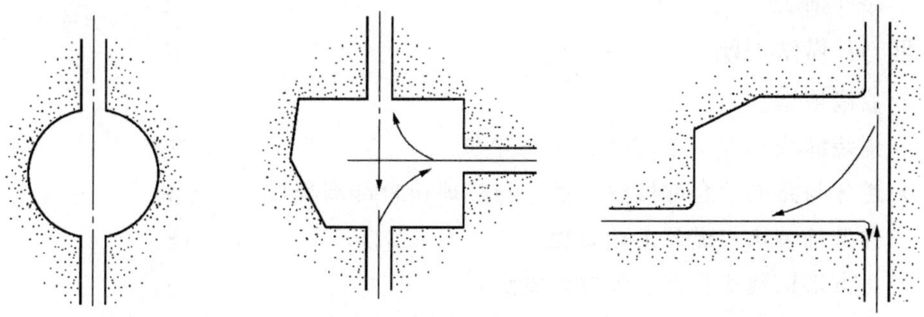

(a) 圆形场地采用对中交接　(b) 对中交接对方形场地使用的影响较大　(c) 沿边交接对方形场地使用的影响较小

图 3-5　园路与广场的交接

从场地正中接入园路，则使路口左右两侧的场地都被挤压缩小，对场地本身的使用就会有很大的影响［图 3-5（b）］；若从场地一侧接入园路，则场地另一侧保留的面积比较大，场地功能所受的影响就比较小［图 3-5（c）］。

四、园路施工图内容与表达

（一）园路平面

（1）路面总宽度及细部尺寸。

（2）放线用基点、基线、坐标。

（3）与周边建构筑物距离尺寸及对应标高。

（4）路面及广场高程、路面纵向坡度、路中标高、广场中心及四周标高、排水方向。

（5）雨水口位置，雨水口详图或注明标准图索引号。

（6）路面横向坡度。

（7）曲线园路线形标出转弯半径，自由曲线的园路、岸线则以方格网（2 m×2 m）～（10 m×10 m）定位。

（8）路面面层铺装。

（9）图的比例尺为（1∶20）～（1∶100）。

（二）园路剖面

（1）路面、广场纵横剖面上的标高。

（2）路面结构表层、基础做法。

（3）图的比例尺为（1∶20）～（1∶50）。

（三）园路局部

（1）重点接合部。

（2）路面铺装。

（四） 做法说明

（1）放线依据。

（2）铺装缝线允许尺寸，以 mm 为单位。

（3）道牙与路面接合部做法、道牙与陆地接合部高程做法。

（4）异型铺装块与道牙衔接处理。

（5）正方形铺装块折点、转弯处做法。

五、 园路工程图主要包括内容

（1）园路路线平面图。

（2）路线纵断面图。

（3）路基横断面图。

（4）铺装详图。

（5）园路透视效果图。

任务 1.1 识读园路路线平面图

【任务目标与质量要求】

掌握识读园路路线图的方法步骤，能够看懂园路施工图中的园路路线平面图。

【学习产出目标】

会看指北针；会读比例尺；会看里程桩；会看地形等高线；会看地物图例；会读水准点高程；会读交角点编号。

【工作程序与方法要求】

●看指北针	不论哪种样式的指北针，箭头所指方向，标注字母N方向为北。	要求：仔细观察，记住方位。
●读比例尺	看懂比例尺的含义，代表的长度、单位。	要求：了解比例尺相关知识，对尺度有概念。
●看里程桩	（1）找起点。（2）读取里程桩至路线起点的水平距离。	要求：仔细观察，对长度、尺寸有概念。

● 看地形等高线	读取地形等高线，主要观察高差、地形缓急沿路线两侧一定范围内的地形。	要求：仔细观察，分清地形缓急。
● 看地物图例	仔细观察地物图例，并在图上查看、记忆沿路线两侧一定范围内的地物。	要求：仔细观察，用心记忆。
● 读水准点高程	园路图纸沿线每隔一定距离设水准点，读出水准点编号，对出编号对应的高程。	要求：仔细观察，用心记忆。
● 读交角点编号	路线转弯处要注写转折符号，即交角点编号，按路线进展方向读出交角点编号。	要求：仔细观察，用心记忆。

【业务知识】

路线平面图的任务是表达路线的线型（直线或曲线）状况和方向，以及沿线两侧一定范围内的地形和地物等。地形和地物一般用等高线和图例来表示，图例画法应符合总图制图标准的规定。

路线平面图一般所用比例较小，通常采用（1∶500）～（1∶2000）的比例。所以在路线平面图中依道路中心画一条粗实线来表示路线。如比例较大，也可按路面宽画双线表示路线。新建道路用中粗线，原有道路用细实线。路线平面图的画法及图例如图 3-6、图 3-7 所示。

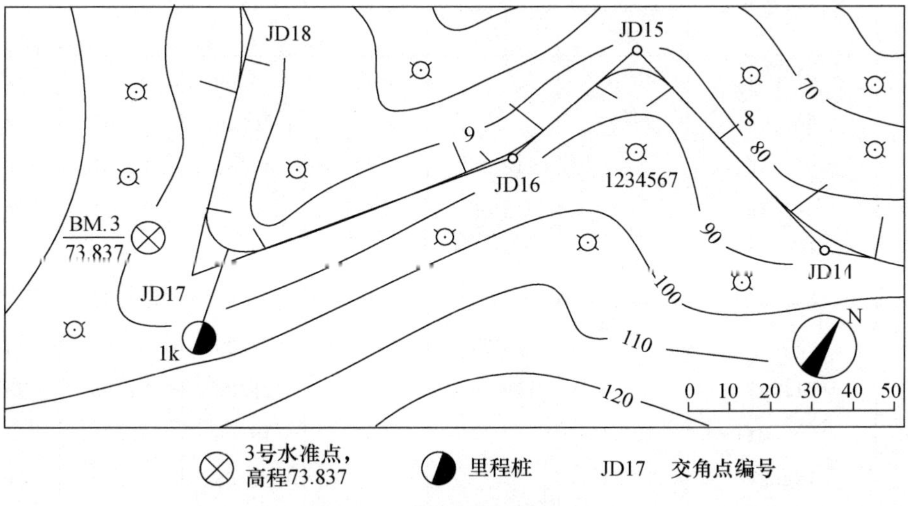

图 3-6 路线平面图的画法

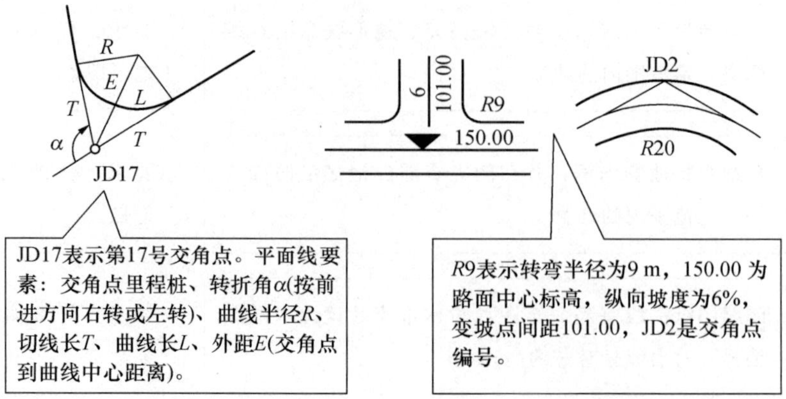

(a) (b)

图 3-7 道路平面图的图例

【业务经验】

(1) 用单线画出的路线平面图，为清楚地看出路线总长和各段长，一般由起点到终点沿前进方向左侧注写里程桩符号；沿前进方向右侧注写百米桩，路线转弯处要注写转折符号。

(2) 园路路线平面图中，在图纸的适当位置设计师会给出路线平曲线表，按交角点编号表列平曲线要素，包括交角点里程桩、转折角 α（按前进方向右转或左转）、曲线半径 R、切线长 T、曲线长 L、外距 E（交角点到曲线中心距离）。各参数见表 3-2。

表 3-2 平曲线要素参数

交角点	交角点里程桩	转折角 α		R	T	L	E
		左	右				
JD10	610.74	38°18′		50	17.36	33.42	2.93
JD11	653.04	23°43′		50	10.50	20.69	1.09
JD12	689.55		18°26′	70	11.36	22.52	0.92
JD13	737.15		15°05′	50	6.62	13.17	0.44
JD14	769.80		52°59′	20	2.96	18.49	2.35
JD15	847.56	89°51′		15	14.96	23.52	6.19
JD16	899.38		20°24′	100	17.09	35.61	1.61
JD17	1+011.69		119°46′	15	25.86	31.35	14.89
JD18	052.21	10°54′		200	19.06	38.05	0.91
JD19	128.35	16°51′		90	11.85	23.53	0.87
JD20	165.84		3°10′				

【工作任务实施记录与评价】

（1）学徒识读本公司项目图纸中的园路路线平面图，师傅对识读情况进行考核。

师傅指导记录	园路路线平面识读评价	评价成绩
		年　月　日

（2）学徒关键职业能力及职业品质、工匠精神评价。

项目	A	B	C	D
工作态度				
吃苦耐劳				
团队协作				
沟通交流				
学习钻研				
认真负责				
诚实守信				

任务 1.2　识读路线纵断面图

【任务目标与质量要求】

掌握识读园路路线图的方法步骤，能够看懂园路施工图中的园路路线纵断面图。

【学习产出目标】

（1）会读路线纵断面图比例尺。

（2）会读地面线。

（3）会读设计线。

（4）会读竖曲线。

（5）会读资料表。

【工作程序与方法要求】

读比例尺	看比例尺，分别读取纵断面图中横向和竖向比例。	要求：纵断面图中横向和竖向常采用不同比例，需认真观察，仔细识记，不要混淆。
读地面线	(1) 找到图中的不规则曲折状细实线，该线即地面线。 (2) 观察地面线的高程变化情况。	要求：仔细观察，对长度、尺寸有概念，知道地面线是如何来的。
读设计线	(1) 找到图中顺路线方向的粗实线，该线即设计坡度线，它是道路的路基纵向设计高程的连接线。 (2) 读出设计线上的桥涵构筑物及水准点的名称、种类、大小、桩号等。	要求：仔细观察，细心阅读，并做记录。
读竖曲线	(1) 找到图中竖曲线，竖曲线一般标在图纸最上方，竖曲线上会标记里程桩。 (2) 读出相邻纵坡交点的里程桩和标高，竖曲线半径、切线长、外距、竖曲线的始点和终点。 (3) 注意观察变坡处标明“不设”的位置。	要求：仔细观察，细心阅读，并做记录。
读资料表	(1) 找到表格第一格的对角线，对角线表示坡度方向，观察坡度方向、纵坡坡度和坡长。 (2) 找到桩号栏，读桩号。 (3) 依次读出每一个桩号对应的地面标高、设计标高。 (4) 读出平曲线内容和对应的位置点。	要求：仔细观察，细心阅读，并做记录。

【业务知识】

路线纵断面图用于表示路线中心地面起伏状况。纵断面图是用铅垂剖切面沿着道路的中心线进行剖切，然后将剖切面展开成一立面，纵断面的横向长度就是路线的长度。园路立面由直线和竖曲线（凸形竖曲线和凹形竖曲线）组成。

路线纵断面图用于表示路线中心的地面起伏状况，纵断面图中横向和竖向常采用不同比例，如图 3-8 所示。

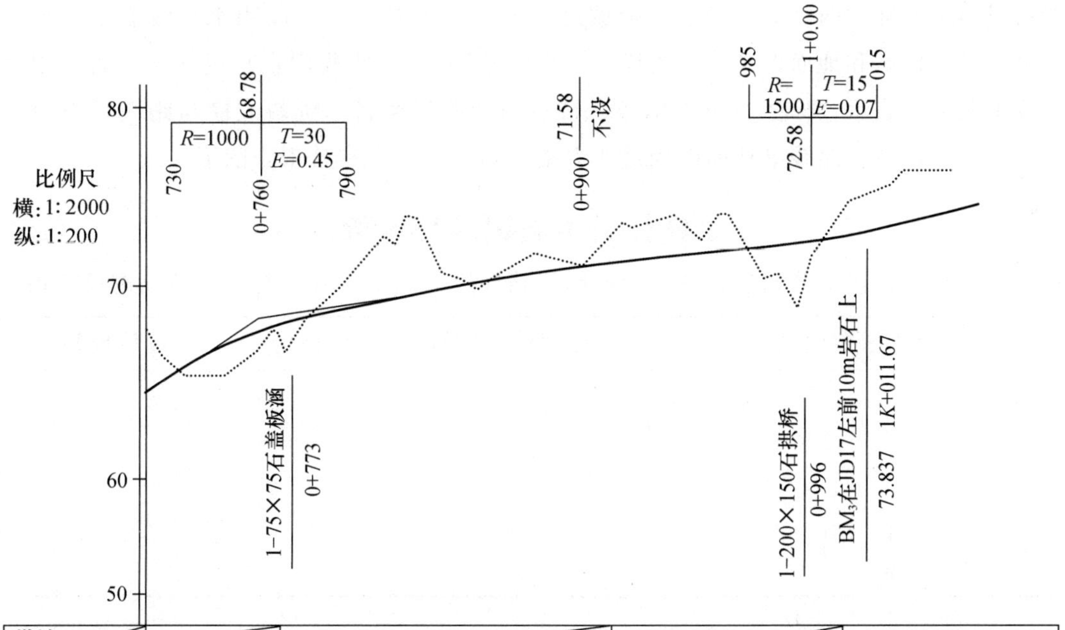

纵坡 / 坡长/m			2% 140							1% 100					2.92% 160		
设计标高/m	65.66	67	68.33	69.13	69.58	69.98	70.58	70.78	71.18	71.58	71.78	71.98	72.18	72.32	72.63	73.75	74.53	74.91
地面标高/m	66.64		67.13	68.54	72.76	71.76	71.14	70.71	72.08	71.71	75.69	74.31	74.22	70.56	71.93	76.38	74.60	72.43
桩号	+720		+760	+780	+800	+820	+840	+860	+880	+900	+920	+940	+960	+980	1+000	1+040	1+060	1+080
平曲线			JD14 α=52° 59′ R=20				JD15 α=52° 59′ R=15			JD16 α=20° 24′ R=100					JD17 α=119° 46′ R=15		JD18 α=10° 54′ R=200	

图 3-8 路线纵断面图

【业务经验】

路线的横向长度和纵向高度之比相差很大，故路线纵断面图通常采用两种比例，例如长度采用 1∶2000，高度采用 1∶200，相差 10 倍。

路线纵断面图用粗实线表示顺路线方向的设计坡度线，简称设计线。地面线用细实线绘制，具体画法是将水准测量测得的各桩高程，按图样比例点绘在相应的里程桩上，然后用细实线顺序把各点连接起来，故纵断面图上的地面线为不规则曲折状。

设计线的坡度变更处，两相邻纵坡坡度之差超过规定数值时，变坡处需设置一段圆弧竖曲线来连接两相邻纵坡。应在设计线上方表示凸形竖曲线和凹形竖曲线，标出相邻纵坡交点的里程桩和标高，竖曲线半径、切线长、外距、竖曲线的始点和终点。如变坡点不设置竖曲线，则应在变坡点注明“不设”。路线上的桥涵构筑物和水准点都应按所在里程注在设计线上，标出名称、种类、大小、桩号等。

在图样的正下方还应绘制资料表，主要内容包括：每段设计线的坡度和坡长，用对角线表示坡度方向，对角线上方标坡度，下方标坡长，水平段用水平线表示；每个桩号的设计标高和地面标高；平曲线（平面示意图），直线段用水平线表示，曲线用上凸或下凹图线表示，标注交角点编号、转折角和曲线半径。资料表应与路线纵断面图的各段一一对应。路线纵断面图用透明方格纸画，一般会有若干张图纸。

【工作任务实施记录与评价】

（1）学徒识读本公司项目图纸中的园路路线纵断面图，师傅对识读情况进行考核。

师傅指导记录	园路路线纵断面图识读评价	评价成绩
		年　月　日

（2）学徒关键职业能力及职业品质、工匠精神评价。

项目	A	B	C	D
工作态度				
吃苦耐劳				
团队协作				
沟通交流				
学习钻研				
认真负责				
诚实守信				

任务 1.3　识读路基横断面图

【任务目标与质量要求】

识读路基横断面图的方法步骤，能够看懂园路施工图中的园路路基横断面图。

【学习产出目标】

（1）能区分地面线和设计线。

（2）能辨别路堤、路堑、半挖半填图形。

（3）能准确识读路基横断面。

【工作程序与方法要求】

● 区分地面线和设计线	找到图中的细实线，该线为地面线；找到图中的粗实线，该线为设计线。	要求：仔细观察，细心阅读。
● 辨别路堤、路堑、半挖半填图形	（1）设计线高出地面线为路堤。 （2）设计线低于地面线为路堑。 （3）二者兼有为半挖半填。	要求：仔细观察，细心阅读。
● 读图形下标注	读出每一图形下标注桩号、断面面积 F、地面中心到路基中心的高差 H。	要求：仔细观察，细心阅读。

【业务知识】

路基横断面图是假设用垂直于设计路线的铅垂剖切平面进行剖切所得到的断面图，是作为计算土石方和路基施工的依据，如图 3-9 所示。

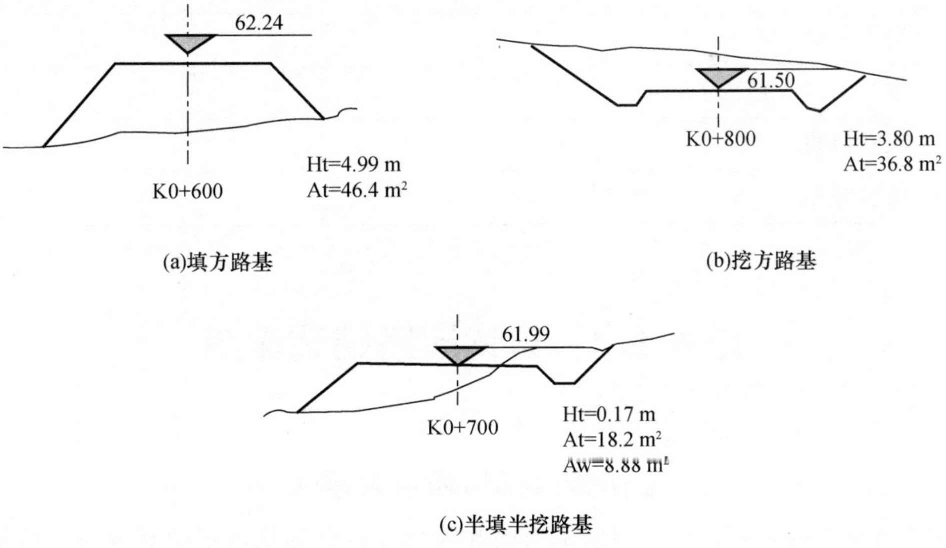

图 3-9　路基横断面图

【业务经验】

（1）路基横断面图常用比例为 1∶50、1∶100、1∶200。

（2）沿道路路线一般每隔 20 m 画一路基横断面图，沿着桩号从下到上、从左到右布置图形。

（3）路基横断面图应画在透明方格纸上，便于计算土方量。

【工作任务实施记录与评价】

（1）学徒识读本公司项目图纸中的路基横断面图，师傅对识读情况进行考核。

师傅指导记录	路基横断面图识读评价	评价成绩
		年　月　日

（2）学徒关键职业能力及职业品质、工匠精神评价。

项目	A	B	C	D
工作态度				
吃苦耐劳				
团队协作				
沟通交流				
学习钻研				
认真负责				
诚实守信				

任务 1.4　识读园路铺装详图

【任务目标与质量要求】

能够准确识读各类常见铺装的平面图和大样图，能够从图纸中获取铺装的材料、做法。

【学习产出目标】

（1）会读铺装平面图，从平面图中读出尺寸、样式、剖切位置。

（2）会读铺装断面图，从断面图中读出做法、材料。

【工作程序与方法要求】

● 读铺装平面图	（1）看铺装样式。 （2）看铺装平面尺寸。 （3）看剖切位置。	要求：仔细观察，细心阅读。
● 读铺装断面图	（1）根据平面图剖切符号位置对应断面图。 （2）看断面图，对应引出线，由下到上读做法及材料。	要求：仔细观察，细心阅读，注意材料及做法的顺序。

【业务知识】

铺装详图用于表达园路的面层结构，如断面形状、尺寸、各层材料、做法、施工要求和铺装图案（如路面布置形式及艺术效果）。

铺装平面、断面图如图 3-10 所示。

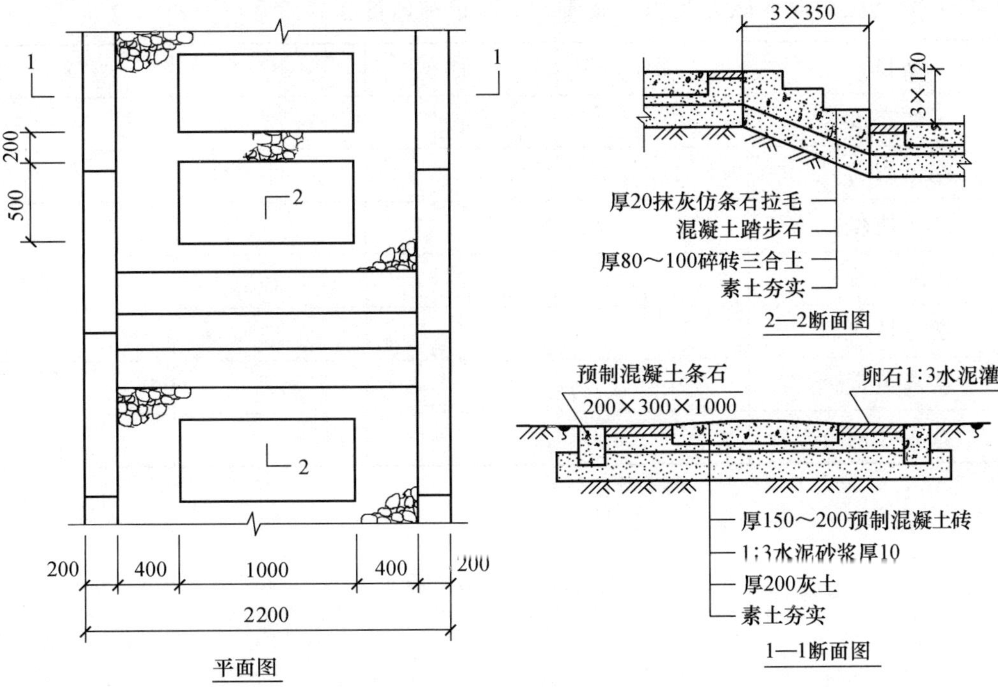

图 3-10　铺装平面、断面图（单位：mm）

【业务经验】

铺装详图用于表达园路面层的结构和铺装图案，是一段园路的铺装详图。图 3-10 中用平面图表示路面装饰性图案，常见的园路路面有花街路面（用砖、石板、卵石组成各种图案)、卵石路面、混凝土板路面、嵌草路面、雕刻路面等。雕刻和拼花图案应画平面大样图，路面结构用断面图表达，路面结构一般包括面层、结合层、基层、路基等。当路面纵坡坡度超过 12°时，在不通车的游步道上应设台阶，台阶高度一般为 120～170 mm，踏步宽度为 300～380 mm，每 8～10 级设一平台段，如图 3-10 中 2—2 断面图表达台阶的结构。

【工作任务实施记录与评价】

(1) 学徒识读本公司项目图纸中的铺装详图，师傅对识读情况进行考核。

师傅指导记录	铺装详图识读评价	评价成绩
		年　月　日

(2) 学徒关键职业能力及职业品质、工匠精神评价。

项目	A	B	C	D
工作态度				
吃苦耐劳				
团队协作				
沟通交流				
学习钻研				
认真负责				
诚实守信				

任务 2
认识园路广场铺地材料

一、 砖石材料

建筑材料分类（按化学成分）见表 3-3。砖石材料在建筑结构上称为砌体材料，是建筑工程中最重要的材料之一，主要用于砌筑墙体、基础、墩台等。砖石材料当前的发展方向是因地制宜地利用地方性材料及工业废渣生产轻质、高强、多功能和大尺寸的新型墙体材料。

表 3-3 建筑材料分类（按化学成分）

<table>
<tr><td rowspan="8">无机材料</td><td rowspan="2">金属材料</td><td colspan="2">黑色金属：钢、铁</td></tr>
<tr><td colspan="2">有色金属：铝及铝合金、铜及铜合金等</td></tr>
<tr><td rowspan="6">非金膜材料</td><td colspan="2">天然石材：毛石、石板材、碎石、卵石、砂等</td></tr>
<tr><td colspan="2">烧结与熔融制品：烧结砖、阳瓷、玻璃、岩棉等</td></tr>
<tr><td rowspan="2">胶凝材料</td><td>水硬性胶凝材料：各种水泥</td></tr>
<tr><td>气硬性胶凝材料：石灰、石膏、水玻璃、菱苦土等</td></tr>
<tr><td colspan="2">混凝土及砂浆</td></tr>
<tr><td colspan="2">硅酸盐制品</td></tr>
<tr><td rowspan="3">有机材料</td><td colspan="3">植物材料：木材、竹材及其制品</td></tr>
<tr><td colspan="3">合成高分子材料：塑料、橡胶、涂料、胶黏剂材料等</td></tr>
<tr><td colspan="3">沥青材料：石油沥青、煤沥青及其制品</td></tr>
<tr><td rowspan="3">复合材料</td><td colspan="2">无机材料复合材料</td><td>钢筋混凝土、纤维混凝土等</td></tr>
<tr><td colspan="2" rowspan="2">有机材料复合材料</td><td>沥青混凝土、树脂混凝土、玻璃纤维增强塑料</td></tr>
<tr><td>胶合板、竹胶板、纤维板</td></tr>
</table>

（一） 天然石材

凡是由天然岩石开采，经过加工或未经过加工的石材统称为天然石材。天然石材具有较高的抗压强度、耐磨性、抗风化能力及较好的装饰性，资源分布广，便于就地取材，因此在建筑工程中被广泛应用。

天然石材按其形成条件可分为岩浆岩、沉积岩及变质岩三大类。

1. 岩浆岩

岩浆岩主要有花岗岩、辉长岩、玄武岩、火山灰、浮石和火山凝灰岩。花岗岩是岩浆岩中分布最广的一种岩石，具有致密的结晶结构和块状构造。花岗岩的颜色有白色、微黄色、淡红色，具有吸水率低、抗压强度高、表观密度大、耐磨性能及耐风化性能好等特点。花岗岩在建筑中可用于基础、台阶、勒脚、柱子、踏步、地面等。花岗岩经磨光后，色泽美观，属于高档次装饰材料，破碎后可作为混凝土骨料。

2. 沉积岩

①石灰岩（又称灰石或青石），其颜色随杂质的不同而异，常呈白色、灰色、浅红色等。主要用于基础、墙体、桥墩、路面，还可以作为混凝土骨料及生产水泥、石灰的原料。②砂岩，根据其胶结物的不同可分为硅质砂岩、钙质砂岩、铁质砂岩及黏土质砂岩等。硅质砂岩坚硬、耐久，可用于基础、墙体、踏步、人行道等，也可作为混凝土骨料及装饰材料。

3. 变质岩

①大理岩，又称大理石，是由石灰岩和白云岩变质而成的岩石。纯大理石为雪白色，因含杂质不同而呈黑、红、黄等不同颜色。大理岩质地致密，硬度较小，易于加工和抛光，但不耐酸，用于室外时易风化。因此，大理岩常用于室内的地面、墙面、柱面、栏杆、踏步等，属于高档次装饰材料。②石英岩，结构致密，强度高，硬度大，难加工，耐酸及耐久性好，可用于基础、栏杆、踏步、纪念性建筑物的饰面及耐酸工程等。

（二） 人工加工的石材

1. 毛石

毛石是由爆破直接得到的形状不规则的石块。按其平面的平整程度可分为乱毛石和平毛石。乱毛石是形状不规则的毛石；平毛石是乱毛石略经加工而得到的，大致有两个平行面。毛石常用来砌筑基础、勒脚、墙身、挡土墙、堤岸及护坡等。

2. 料石（条石）

料石是人工或机械开采出的较规则并略加凿琢而成的六面体石块，多用致密的砂岩、石灰岩、花岗岩等开采凿制。料石按其加工的平整程度可分为毛料石、粗料石、半细料石及细料石。粗料石主要用于砌筑建筑物的基础、勒脚、墙体等，半细料石及细料石主要用作镶面材料或铺路石。

3. 板材

板材是用致密的岩石凿平或锯成的一定厚度的岩石板材，一般用作装饰饰面，常用大理石或花岗岩加工而成。饰面板材要求耐磨性及耐久性好，无裂缝和水纹，色彩丰富，外表美观。规格的板材可分为斧剁板材、机刨板材、粗磨板材、磨光板材等，主要用于室内外的墙体粘贴、地面铺砌。

4. 颗粒状石料

①碎石，主要用于配制混凝土以及作为道路及基础垫层、铁路路基、庭院和室内水景用石。②卵石，用途同碎石，也可作为装饰混凝土骨料。③石渣，是加工大理石和花岗岩等产生的碎料，可作为人造大理石、斩假石、水刷石、水磨石的骨料，还可用于制作干粘石制品。

（三） 人造石材

人造石材是用天然岩石或工业废渣为原料，加入一些助剂或胶结材料，经工艺处理合成的代替天然石材的材料。人造石材可以人为地控制性能、形状及图案等，故也得到广泛应用。

1. 铸石

铸石是以天然岩石（辉绿岩、玄武岩和页岩等）或工业废渣为主要原料，加入一定的附加剂（如角闪岩、白云岩、萤石等）和结晶剂（如铬铁矿），经熔化、浇铸、结晶、退火等工艺制成的一种非金属耐腐蚀材料。其制品有板、砖、管及各种异形材料。铸石是钢、铁、铅、橡胶、木材等较为理想的替代材料。

2. 合成石材

合成石材是以石渣、石英砂等为骨料，以水泥、树脂等为胶结材料，经过拌和、成型、聚合或养护，打磨抛光切割而成的。它们具有天然石材的装饰效果，而且花色、品种、形状等多样化，还具有轻质、耐腐蚀、耐污染、施工方便等优点。其缺点是色泽、纹理不及天然石材自然、柔和。根据胶结材料类型，合成石材可分为水泥型人造石材、聚酯型人造石材、复合型人造石材和烧结型人造石材四类。

3. 建筑工程中常用人造合成石

建筑工程中常用人造合成石主要有人造大理石、水磨石和陶粒制品三种。其中，水磨石是以水泥和大理石米粒石为主要原料，经成型、养护、研磨、抛光而成，具有美观大方、强度高、施工方便、适用性强等特点，可以制成建筑用的各种饰面板和其他制品，如地面板、窗台板、踏脚板、隔断板、台面板、踏步板以及水池、浴盆、盖板等，在建筑工程中使用比较广泛。

4. 砌墙砖

凡是以黏土、工业废渣和地方性材料为主要原料，以不同的生产工艺制成的，在建筑中用于砌筑墙体的砖统称为砌墙砖。

（1）烧结普通砖。烧结普通砖是指以黏土、页岩、煤矸石或粉煤灰为主要原料，经焙烧而成的普通实心砖，根据所用原材料不同，可分为烧结黏土砖、烧结页岩砖、烧结煤矸石砖、烧结粉煤灰砖等。

（2）烧结多孔砖和烧结空心砖。与烧结普通砖相比，多孔砖及空心砖自重轻、黏土及燃料用量小、烧成率及施工效率高、成本低、绝热及隔声性能好。推广使用多孔砖及空心砖是加快我国墙体材料改革、促进墙体材料发展的重要措施之一。

（3）蒸养（压）砖。蒸养（压）砖是以含钙材料（石灰、电石渣）和含硅材料（砂子、粉煤灰、煤矸石、灰渣、炉渣等）为原料，加水搅拌，经压制成型，再进行蒸汽和蒸压养护而制成的。其主要品种有灰砂砖、粉煤灰砖、炉渣砖等。

5. 建筑砌块

建筑砌块是指用于砌筑的人造块材，其尺寸大于砌墙砖。一般为直角六面体，按产品主要规格可分为大型砌块（高度大于 980 mm）、中型砌块（高度为 380～980 mm）和小型砌块（高度为 115～380 mm）。砌块高度一般不大于长度或宽度的 6 倍，长度不超过高度的 3 倍。根据需要也可以生产异形砌块。

砌块是一种新型的墙体材料，它可以充分利用地方性资源及工业废渣，并可以节省黏土和改善环境。砌块生产工艺简单，原料来源广，施工效率高，可以改善墙体功能，因此发展较快。砌块分类方法很多，按用途可分为承重砌块和非承重砌块；按有无孔洞可分为实心砌块和空心砌块；按材质可分为硅酸盐砌块、轻骨料砌块、加气混凝土砌块和混凝土砌块等。

二、 胶凝材料

（一） 胶凝材料分类

工程中用来将散粒材料（如砂和石子）或块状材料（如砖和石块）黏结成为整体的材料称为胶凝材料（或胶结材料）。胶凝材料经过一系列物理、化学作用，可由液态或半固态变为坚硬的固体。胶凝材料按其化学组成一般可分为有机胶凝材料和无机胶凝材料两大类。

（1）有机胶凝材料。常见的有机胶凝材料有石油沥青、煤沥青及各种天然和合成树脂等。

（2）无机胶凝材料。无机胶凝材料按照硬化所需条件又可分为气硬性胶凝材料和水硬性胶凝材料。

①气硬性胶凝材料只能在空气中硬化，也只能在空气中保持和继续发展其强度，如石灰、石膏、水玻璃等，一般只适用于地上或干燥环境，不宜用于潮湿环境，更不能用于水中。②水硬性胶凝材料在空气中和水中均能硬化，且在水中硬化效果更好，并保持和继续发展其强度，如各种硅酸盐水泥，既能用于地上，也能用于地下或水中

各种工程。

（二） 水泥——无机水硬性胶凝材料

水泥泛指加水拌和成塑性浆体，能胶结砂、石等适当材料并能在空气和水中硬化的粉状无机水硬性胶凝材料。水泥是建筑业的基本材料，使用广，用量大，素有“建筑业的粮食”之称，广泛应用于建筑、交通、水利电力、能源矿山和国防建设等基础设施建设工程。水泥的品种很多，按其主要水硬性物质名称可分为硅酸盐水泥、铝酸盐水泥、硫铝酸盐水泥、铁铝酸盐水泥和氟铝酸盐水泥等；按其用途及性能可分为通用水泥、专用水泥及特性水泥三大类。

1. 通用水泥

通用水泥是指一般土木建筑工程通常采用的水泥，即目前常用的硅酸盐水泥、普通硅酸盐水泥、矿渣硅酸盐水泥、火山灰质硅酸盐水泥、粉煤灰硅酸盐水泥及复合硅酸盐水泥。

2. 专用水泥

专用水泥是指专门用途的水泥，主要有砌筑水泥、大坝水泥、道路水泥、油井水泥等。

3. 特性水泥

特性水泥是指某种性能比较突出的水泥，主要有快硬水泥、白色水泥、中热水泥、低热水泥、低热矿渣水泥、膨胀水泥、抗硫酸盐硅酸盐水泥等。

三、 混凝土与砂浆

混凝土是由胶凝材料与水、粗骨料、细骨料按适当比例配合，必要时掺加适量外加剂、掺和料或其他改性材料，经搅拌、捣实成型后，经过一定时间硬化而成的人造石材。胶凝材料有水泥、石膏等无机胶凝材料和沥青、聚合物等有机胶凝材料。无机及有机胶凝材料也可复合使用。

（一） 混凝土的分类

（1）按照表观密度分类，混凝土可分为重混凝土、普通混凝土和轻混凝土。

（2）按照用途分类，混凝土可分为普通混凝土、道路混凝土、防水混凝土、耐热混凝土、耐酸混凝土、防辐射混凝土、膨胀混凝土、装饰混凝土、大体积混凝土等。

（3）按照生产与施工方法分类，混凝土可分为商品混凝土、泵送混凝土、喷射混凝土、压力灌浆混凝土（预填骨料混凝土）、预应力混凝土、挤压混凝土、离心混凝土、真空吸水混凝土、碾压混凝土等。

（二） 普通混凝土的优缺点

通常将水泥作为胶凝材料，砂、石作为骨料的混凝土称为普通混凝土或水泥混凝土。普通混凝土有很多优点，具体如下：

(1) 改变组成材料的品种和比例，可以配制各种不同性质的混凝土，以满足不同工程的要求。

(2) 混凝土拌和物具有良好的可塑性，可按工程结构要求浇筑成各种形状、大小的构件或结构物。

(3) 混凝土与钢筋有着良好的握裹力，与钢材有着基本相同的线性膨胀系数，可制作钢筋混凝土构件、预应力钢筋混凝土构件或整体结构，硬化后，有抗压强度高和耐久性良好的特性。

(4) 砂、石材料占80%以上，价廉量大，符合就地取材的经济原则。

混凝土的缺点是抗拉强度低、脆性及自重大、传热快、需要养护时间等，这些缺点正被人们在使用中努力克服。

(三) 建筑砂浆

建筑砂浆是建筑工程中不可缺少的而且用量很大的建筑材料，它是由无机胶凝材料、细骨料和水，有时也掺入某些外掺材料，按一定比例配合调制而成。

常用的建筑砂浆按功能来分有砌筑砂浆、抹面砂浆、装饰砂浆及特种砂浆；按胶凝材料的不同可分为水泥砂浆、石灰砂浆、混合砂浆。砂浆又称无粗骨料混凝土，在建筑工程中用途非常广泛，其主要用途是：①在砖石结构中，将砖、石、砌块胶结成砌体；②用于室内外基础、墙面、地面、天棚及钢筋混凝土梁、柱等表面抹灰；③用作镶贴大理石、水磨石、陶瓷面砖等饰面的黏结材料；④用作管道、大板等的接头及接缝材料。

任务3
掌握园路施工技术

一、 园路施工要求

1. 园路的典型结构

园路一般由路面、路基和道牙（附属工程）3部分组成。路面又分为面层、结合层、基层和垫层4部分。园路路面的结构形式具有多样性。但由于园林中通行车辆较少，园路的荷载较小，其路面结构都比城市道路简单。典型的路面结构形式如图3-11所示。路面各层的作用和设计要求如下：

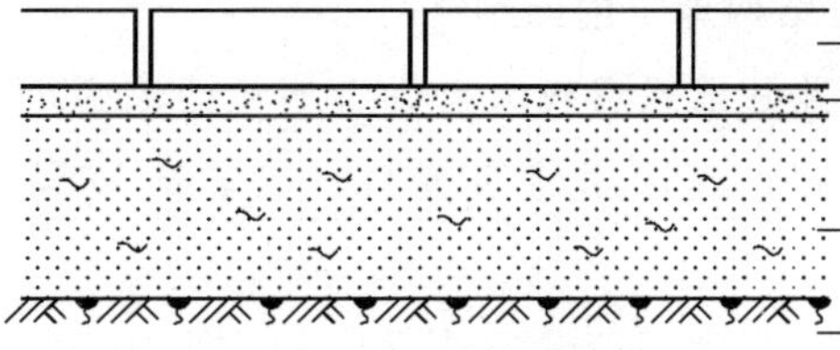

图3-11 典型的路面结构形式

（1）面层是路面最上面的一层。它直接承受人流、车辆和大气因素的作用及破坏性影响。因此，面层要求坚固、平稳、耐磨损、不滑、反光小，具有一定的粗糙度和少尘性，便于清扫。

（2）基层位于面层之下、路基之上，是路面结构中的主要承重部分，可增加面层的抵抗能力，能承上启下，将荷载扩散、传递给路基。由于基层不直接承受人、车、气候因素的作用，对材料的要求比面层低，通常采用碎（砾）石、灰土或各种工业废渣作为原料。

（3）结合层是在采用块料铺筑面层时，在面层与基层之间，为了黏结和找平而设置的一层。结合层材料一般采用3～5 cm厚的粗砂、水泥石灰混合砂浆或石灰砂浆。

（4）垫层是在路基排水不良或有冻胀、翻浆的路段上，为了排水、隔温、防冻的需要，用道砟、煤渣、石灰土等稳定性好的材料设于基层之下的一层。园林中也可用加强基层的办法，而不另设此层。

（5）路基即土基，是路面的基础，它不仅为路面提供一个平整的基面，还承受路面传来的荷载，是保证路面强度和稳定性的重要条件。对于一般土壤，如黏土和砂性土，开挖后经过夯实，即可作为路基。在严寒地区，严重的过湿冻胀土或湿软土宜采用 1∶9 或 2∶8 灰土加固路基，其厚度一般为 15 cm。

（6）道牙也称侧石、缘石，一般分两种形式：立道牙和平道牙，如图 3-12 所示。道牙安置在路面两侧，对路面与路肩在高程上起衔接作用，并能保护路面，也便于路面排水。在园林中，道牙的材料多种多样，除砖和混凝土预制块，也可选用石、瓦、卵石等材料。

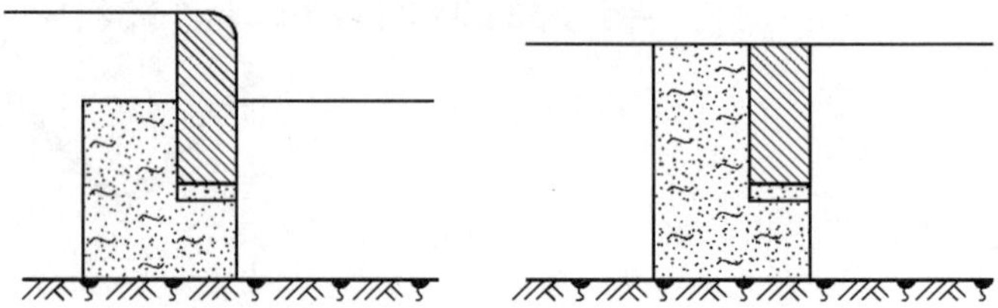

(a)立道牙　　(b)平道牙

图 3-12　道牙的两种基本形式

园林中有些场合也可不设道牙，如作游步道的石板路，以表现自然情趣。此时，边缘石块可稍大些，以求稳固。

2. 园路结构施工的原则

（1）园路建设投资较大，为节省资金和保证使用寿命，在园路结构施工时应尽量使用当地材料，或选用建筑废料、工业废渣等，并遵循薄面、强基、稳基土的设计原则。

（2）路基强度是影响道路强度的主要因素。当路基不够坚实时，应考虑增加基层或垫层的厚度，可减少造价较高的面层的厚度，从而达到经济安全的目的。

总之，应充分考虑当地土壤、水文、气候条件、材料供应情况以及使用性质，满足经济、实用、美观的要求。

3. 园路的常见“病害”及其原因

园路的“病害”是指园路被破坏的现象，一般常见的“病害”有裂缝、凹陷、啃边、翻浆等。现就造成各种“病害”的原因分述如下：

（1）裂缝与凹陷。造成这种破坏的主要原因是基土过于湿软或基层厚度不够，强度不足，路面荷载超过土基的承载力。

（2）啃边。路肩和道牙直接支撑路面，使之横向保持稳定。因此，路肩与其基土必须紧密结实，并有一定的坡度。否则雨水的侵蚀和车辆行驶时对路面边缘的啃蚀作用使之损坏，并从边缘起向中心发展，这种破坏现象叫啃边。

（3）翻浆。在季节性冰冻地区，地下水位高，特别是对于粉砂性土基，由于毛细管的作用，水分上升到路面下。冬季气温下降，水分在路面下形成冰粒，体积增大，路面就会出现隆起现象。到春季上层冻土融化，而下层尚未融化，土基变成湿软的橡皮状，路面承载力下降。车辆通过时路面下陷，邻近部分隆起，并将泥土从裂缝中挤出来，使路面破坏，这种现象叫翻浆。

路面的这些常见的“病害”在进行路面结构设计和施工时必须给予充分的重视。

4. 园路面层铺装要求

(1) 园路路面应具有装饰性。在进行路面图案设计时，应与景区的意境相结合，既要根据园路所在的环境，选择路面的材料、质感、形式、尺度，又要研究路面图案的寓意、趣味，使路面更好地成为园景的组成部分。

(2) 园路路面应有柔和的光线和色彩，减少反光、刺眼的感觉。园林中用各种条纹水泥混凝土砖按不同方向排列，产生很好的光彩效果，使路面既朴素又丰富，并且减少了路面的反光强度。

(3) 路面应与地形、植物、山石等配合。在进行路面施工时，应与地形、植物、山石等很好地配合，共同构成景色。园路与植物的配合，不仅能丰富景色，使路面变得生气勃勃，而且可以改变土壤的水分和通气的状态，为广场的绿化创造有利的条件，并能降低地表温度，对改善局部小气候有利。

二、 园路施工程序与环节

工序：园路放线—基槽开挖—素土夯实—戈壁料垫层压实—素混凝土基层—水泥砂浆结合层—面层。

园路施工在基本工序和方法上与一般城市道路相同，另外还有一些特殊的技术要求和具体方法。

1. 施工准备工作

(1) 放线。按路面设计的中线，在地面上每 20～50 m 放一中心桩，在弯道的曲线上应在曲头、曲中和曲尾各放一中心桩，并在各中心桩上写明桩号，再以中心桩为准，根据路面宽度定边桩，最后放出路面的平曲线。

(2) 准备路槽。按设计路面的宽度，每侧放出 20 cm 挖槽，路槽的深度应等于路面的厚度，槽底应有 2%～3%的横坡度。路槽做好后，在槽底上洒水，使它潮湿，然后用蛙式跳夯机夯 2～3 遍，路槽平整度允许误差不大于 2 cm。

2. 园路施工四大环节

(1) 铺筑基层。根据设计要求准备铺筑的材料，在铺筑时应注意：对于灰土基层，一般实厚为 15 cm，虚铺厚度由于土壤情况不同而为 21～24 cm；对于炉灰土，虚铺厚度为压实厚度的 160%，即压实 15 cm，虚铺厚度为 24 cm。

(2) 铺筑结合层。一般用 25 号水泥、白灰、砂混合砂浆或 1∶3 白灰砂浆。砂浆摊铺宽度应大于铺装面 5～10 cm，已拌好的砂浆应当日用完。也可以用 3～5 cm 的粗砂均匀摊铺而成。

（3）铺筑面层。铺筑面层时铺砖应轻轻放平，用橡胶锤敲打稳定，不得损伤砖的边角；如发现结合层不平，应拿起铺砖重新用砂浆找齐，严禁向砖底填塞砂浆或支垫碎砖块等。采用橡胶带做伸缩缝时，应将橡胶带平正直顺紧靠方砖。铺好砖后应沿线检查平整度，发现方砖有移动现象时，及时修整，最后用干砂掺入 1∶10 的水泥，拌和均匀，将砖缝灌注饱满，并在砖面泼水，使砂灰混合料下沉填实。铺砖的养护期不得少于 3 d，在此期间内应严禁行人、车辆等走动和碰撞。

（4）道牙基础宜与路床同时填挖碾压，以保证有整体的均匀密实度。结合层用 1∶3 白灰砂浆铺 20 mm。安道牙要平稳牢固，后用 100 号水泥砂浆勾缝，道牙背后应用白灰土夯实，其宽度为 500 mm，厚度为 150 mm，密实度在 90%以上即可。

3. 地基与路面基层的施工

（1）施工准备。根据设计图，核对地面施工区域，确认施工程序、施工方法和工程量，勘察、清理施工现场，确认和标示地下埋设物。

（2）材料准备。确认和准备路基加固材料、路面垫层、基层材料和路面面层材料，包括碎石、块石、石灰、砂、水泥或设计所规定的预制砌块、饰面材料等。材料的规格、质量、数量以及临时堆放位置都要确定下来。

（3）道路放线。将设计图标示的园路中心线上各编号里程桩测设到相应的地面位置，用长 30～40 cm 的小木桩垂直钉入桩位，并写明桩号。钉好的各中心桩之间的连线即园路的中心线。再以中心桩为准，根据路面宽度钉上边线桩，最后可放出园路的中线和边线。

（4）地基施工。首先确定路基作业使用的机械及其进入现场的日期，重新确认水准点，调整路基表面高程与其他高程的关系，然后进行路基的填挖、整平、碾压作业。按已定的园路边线，每侧放宽 200 mm 开挖路基的基槽，路槽深度应等于路面的厚度。按设计横坡度进行路基表面整平，再碾压或打夯，压实路槽地面；路槽的平整度允许误差不大于 20 mm。对填土路基，要分层填土分层碾压；对于软弱地基，要做好加固处理。施工中注意随时检查横断面坡度和纵断面坡度。此外，要用暗渠、侧沟等排除流入路基的地下水、涌水、雨水等。

（5）垫层施工。运入垫层材料，将灰土、砂石按比例混合，进行垫层材料的铺垫、刮平和碾压。如用灰土做垫层，铺垫一层灰土就叫一步灰土，一步灰土的夯实厚度应为 150 mm；而铺填时的厚度根据土质不同，在 210～240 mm。

（6）路面基层施工。确认路面基层的厚度与设计标高，运入基层材料，分层填筑。基层的每层材料施工碾压厚度是：下层为 200 mm 以下，上层为 150 mm 以下。基层的下层要进行检验性碾压。基层经碾压后，没有达到设计标高的，应该翻起已压实部分，一面摊铺材料，一面重新碾压，直到压实为设计标高的高度。施工中接缝时，应将上次施工完成的末端部分翻起来，与本次施工部分一起滚碾压实。

(7) 面层施工准备。在完成的路面基层上，重新定点、放线，放出路面的中心线及边线。设置整体现浇路面边线处的施工挡板，确定砌块路面的砌块行列数及拼装方式。

三、 不同面层园路的施工要求

1. 水泥混凝土面层施工

(1) 核实准备工作。核实、检验和确认路面中心线、边线及各设计标高点的正确无误。

(2) 钢筋网的绑扎。若是钢筋混凝土面层，则按设计选定钢筋并编扎成网。钢筋网应排布在基层表面，距混凝土面层顶面 50 mm。钢筋网接近顶面设置要比在底部加筋更能防止表面开裂，也更便于充分捣实混凝土。

(3) 材料的配制、浇注和捣实。按设计的材料比例，配制、浇注、捣实混凝土，并用长 1 m 以上的直尺将顶面刮平。顶面稍干一点，再用抹灰砂板抹平至设计标高。施工中要注意做出路面的横坡与纵坡。

(4) 养护管理混凝土面层施工完成后，应即时开始养护。养护期应为 7 d 以上，冬季施工后的养护期还应更长些。可用湿的织物、稻草、锯木粉、砂及塑料薄膜等覆盖在路面上进行养护。冬季寒冷，养护期中要经常用热水浇洒，对路面保温。

(5) 路面装饰。路面要进一步进行装饰的，可按下述的水泥路面装饰方法继续施工。不再做路面装饰的，则待混凝土面层基本硬化后，用锯割机每隔 7～9 m 锯缝一道，作为路面的伸缩缝（伸缩缝也可在浇注混凝土之前预留）。

2. 水泥路面的装饰施工

水泥路面装饰的方法有很多种，要按照设计的路面铺装方式来选用合适的施工方法。常见的施工方法及其施工技术要领主要有以下方面：

(1) 普通抹灰与纹样处理。用普通灰色水泥配制成 1∶2 或 1∶2.5 水泥砂浆，在混凝土面层浇注后尚未硬化时进行抹面处理，抹面厚度为 10～15 mm。当抹面层初步收水，表面稍干时，再用下面的方法进行路面纹样处理。①滚花。用钢丝网做成的滚筒或者用模纹橡胶裹在直径为 300 mm 铁管外做成的滚筒，在经过抹面处理的混凝土面板上滚压出各种细密纹理。滚筒长度 1 m 以上比较好。②压纹。利用一块边缘有许多整齐凸点或凹槽的木板或木条，在混凝土抹面层上挨着压下，一面压一面移动，就可以将路面压出纹样，起到装饰作用。用这种方法时要求抹面层的水泥砂浆含砂量较高，水泥与砂的配合比可为 1∶3。③锯纹。在初浇的混凝土表面，用一根直木条如同锯割一般来回动作，一面锯一面前移，既能够在路面锯出平行的直纹，有利于路面防滑，又有一定的路面装饰作用。④刷纹。最好使用弹性钢丝做成刷纹工具。刷子宽450 mm，刷毛钢丝长100 mm左右，木把长1.2～1.5 m，用这种钢丝刷在未硬的混凝土面层上可以刷出直纹、波浪纹或其他形状的纹理。

(2) 彩色水泥抹面装饰。水泥路面的抹面层所用水泥砂浆，可通过添加颜料调制成彩色水泥砂浆，用这种材料可做出彩色水泥路面。彩色水泥调制中使用的颜料，需选用耐光、耐碱、不溶于水的无机矿物颜料，如氧化铁红、柠檬铬黄、氧化铬绿、钴蓝和炭黑等。

(3) 彩色水磨石饰面。彩色水磨石地面是用彩色水泥石子浆罩面，再经过磨光处理而做成的装饰性路面。按照设计，先在平整、粗糙、已基本硬化的混凝土路面面层上弹线分格，用玻璃条、铝合金条（或铜条）作分格条。然后在路面刷上一道素水泥浆，再用（1∶1.25）～（1∶1.50）彩色水泥细石子浆铺面，厚度为8～15 mm，铺好后拍平，表面用滚筒滚压结实，待出浆后再用抹子抹平。用作水磨石的细石子，如采用方解石，并用普通灰色水泥做成的就是普通水磨石路面。如果用各种颜色的大理石碎屑，再用不同颜色的彩色水泥配制在一起，就可做成不同颜色的彩色水磨石地面。水磨石的开磨时间应以石子不松动为准，磨后将泥浆冲洗干净。待稍干时用同色水泥浆涂擦一遍，将砂眼和脱落的石子补好。第二遍用100～150号金刚石打磨，第三遍用180～200号金刚石打磨，方法同前。打磨完成后洗掉泥浆，再用1∶20的草酸水溶液清洗，最后用清水冲洗干净。

(4) 露骨料饰面。采用这种饰面方式的混凝土路面和混凝土铺砌板，其混凝土应该用粒径较小的卵石配制。混凝土露骨料主要是采用刷洗的方法，在混凝土浇好后2～6 h就应进行处理，最迟不得超过浇好后16～18 h。刷洗工具一般用硬毛刷子和钢丝刷子。刷洗应当从混凝土板块的周边开始，要同时用充足的水把刷掉的泥沙洗去，把每一粒暴露出来的骨料表面都洗干净。刷洗后3～7 d，再用10%的盐酸水洗一遍，使暴露的石子表面色泽更明净，最后还要用清水把残留盐酸完全冲洗掉。

3. 片块状材料的地面砌筑

片块状材料作路面面层，在面层与道路基层之间所用的结合层做法有两种：一种是用湿性的水泥砂浆、石灰砂浆或混合砂浆作为结合材料；另一种是用干性的细砂、石灰粉、灰土（石灰和细土）、水泥粉砂等作为结合材料或垫层材料。

(1) 湿法砌筑。用厚度为15～25 mm的湿性结合材料，如用1∶2.5或1∶3水泥砂浆、1∶3石灰砂浆、M2.5混合砂浆或1∶2灰泥浆等，垫在路面面层混凝土板上面或垫在路面基层上面作为结合层，然后在其上砌筑片状或块状贴面层。砌块之间的结合以及表面抹缝也用这些结合材料。以花岗石、釉面砖、陶瓷广场砖、碎拼石片、马赛克等片状材料贴面铺地，都要采用湿法铺砌。用预制混凝土方砖、砌块或黏土砖铺地，也可以用这种砌筑方法。

（2）干法砌筑。以干性粉沙状材料作路面面层砌块的垫层和结合层。这样的材料常见有干砂、细砂土、1∶3水泥干砂、1∶3石灰干砂、3∶7细灰土等。砌筑时，先将粉料在路面基层上平铺一层，厚度是：用干砂、细土作垫层，厚为30～50 mm，用水泥砂、石灰砂、灰土作结合层，厚为25～35 mm，铺好后找平，然后按照设计的砌块、砖块拼装图案在垫层上拼砌成路面面层。路面每拼装好一小段，就用平直的木板垫在顶面，以铁锤在多处震击，使所有砌块的顶面都保持在一个平面上，这样可将路面铺装得十分平整；路面铺好后，再用干燥的细砂、水泥粉、细石灰粉等撒在路面上并扫入砌块缝隙中，使缝隙填满，随后将多余的灰砂清扫干净。砌块下面的垫层材料将慢慢硬化，使面层砌块和下面的基层紧密结合为一体。适宜采用这种干法砌筑的路面材料主要有石板、整形石块、混凝土铺路板、预制混凝土方砖和砌块等。传统古建筑庭院中的青砖铺地、金砖墁地等地面工程，也常采用干法砌筑。

4. 地面镶嵌与拼花

施工前，要根据设计的图样，准备镶嵌地面用的砖石材料。设计有精细图形的，先要在细密质地的青砖上放好大样，再细心雕刻，做好雕刻花砖，施工中可嵌入铺地图案中。要精心挑选铺地用的石子，挑选出的石子应按照不同颜色、大小、形状分类堆放，铺地拼花时才能方便使用。

施工时，先要在已做好的道路基层上铺垫一层结合材料，厚度一般可在40～70 mm。垫层结合材料主要用1∶3石灰砂、3∶7细灰土、1∶3水泥砂等，用干法砌筑或湿法砌筑都可以，但干法砌筑施工更为方便一些。在铺平的松软垫层上，按照预定的图样开始镶嵌拼花。一般用立砖、小青瓦瓦片来拉出线条、纹样和图形图案，再用各色卵石、砾石镶嵌做花，或者拼成不同颜色的色块，以填充图形大面。然后，经过进一步修饰和完善图案纹样并尽量平铺后，就可以定稿。定稿后的铺地地面仍要用水泥干砂、石灰干砂撒布其上，并扫入砖石缝隙中填实，随后除去多余的水泥石灰干砂，清扫干净，再用细孔喷壶对地面喷洒清水，稍使地面湿润即可，不能用大水冲击或使路面有水流淌。完成后，养护7～10 d。

5. 嵌草路面的铺砌

无论用预制混凝土铺路板、实心砌块、空心砌块，还是用顶面平整的卵石、整形石块或石板，都可以铺装成砌块嵌草路面（图3-13）。施工时，先在整平压实的路基上铺垫一层栽培壤土作垫层。壤土要求比较肥沃，不含粗颗粒物，铺垫厚度为100～150 mm，然后在垫层铺砌混凝土空心砌块或实心砌块，砌块缝中半填壤土并播种草籽。

（1）实心砌块的尺寸较大，草皮嵌种在砌块之间预留的缝中。草缝设计宽度可在20～50 mm，缝中填土达砌块的2/3高。砌块下面如上所述用壤土作垫层并起找平作用，砌块要铺装得尽量平整。实心砌块嵌草路面上，草皮形成的纹理是线网状的。

（2）空心砌块的尺寸较小，草皮嵌种在砌块中心预留的孔中。砌块与砌块之间不

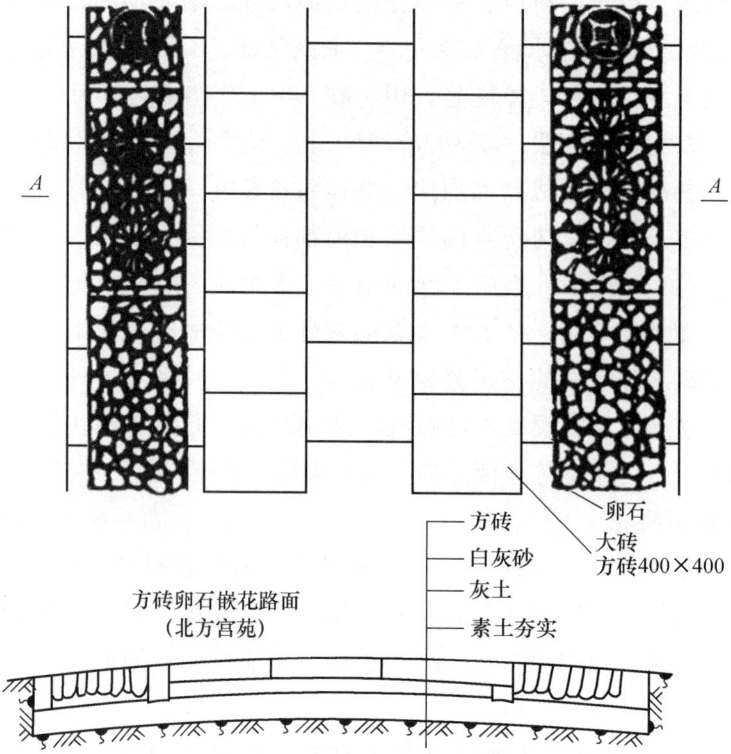

图 3-13　地面镶嵌与拼花的做法（单位：mm）

留草缝，常用水泥砂浆粘接。砌块中心孔填土亦为砌块的 2/3 高，砌块下面仍用壤土作垫层找平，使嵌草路面保持平整。空心砌块嵌草路面上，草皮呈点状而有规律地排列。要注意的是，空心砌块的设计制作一定要保证砌块的结实坚固和不易损坏，因此其预留孔径不能太大，孔径最好不超过砌块直径的 1/3 长。

采用砌块嵌草铺装的路面，砌块和嵌草层是道路的结构面层，其下面只能有一个壤土垫层，在结构上没有基层，只有这样的路面结构才能有利于草皮的存活与生长。石板嵌草园路具体做法如图 3-14 所示。

四、园路剖面结构

（一）园路面层

园路面层分为砖瓦路面、石材路面、石子画路面、木材路面、混凝土路面、彩色混凝土路面、生态地坪系统、嵌草路面，旱汀步路面和金属、玻璃等其他路面。

（二）承载园路剖面结构

1. 混凝土整体路面

根据经常车流选择路面，面层宜用厚度：小车时，取 120 mm；卡车时，取

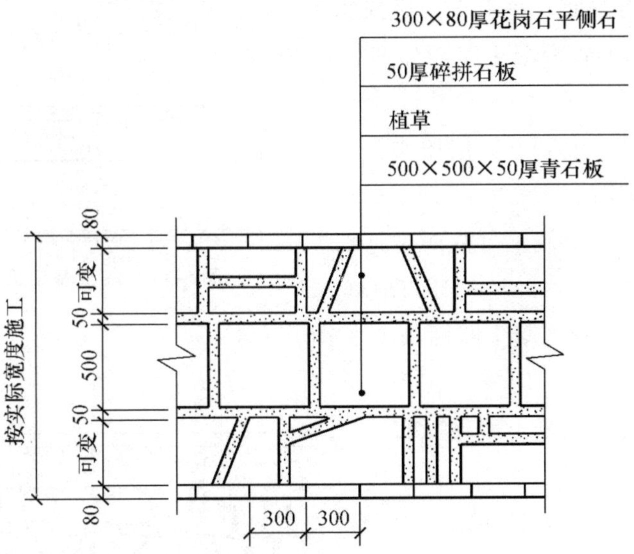

图 3-14　石板嵌草园路具体做法（单位：mm）

180 mm；大客车时，取 220 mm。

（1）灰土基础混凝土整体路面如图 3-15 所示。

做法：

①120～220 mm 厚 C25 混凝土面层（分块捣制，振捣密实，随打随抹平。每块路面长不大于 6 m。沥青砂子或沥青处理松木条嵌缝）。

②20 mm 厚粗砂垫层。

③200 mm 厚 3∶7 灰土（分两步打）。

④路基碾压密实：>98%（环刀取样）。

（2）卵石基础混凝土整体路面如图 3-16 所示。

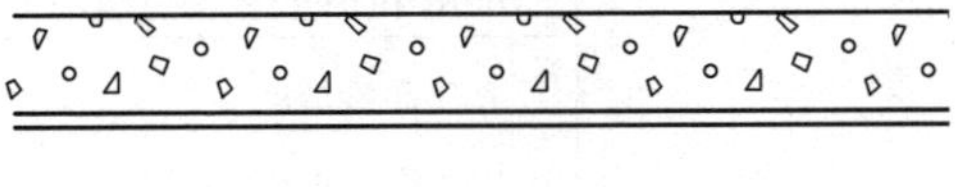

图 3-15　灰土基础混凝土整体路面

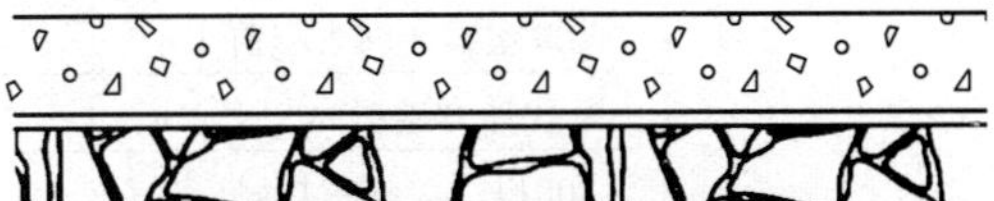

图 3-16　卵石基础混凝土整体路面

做法：

①120～220 mm 厚 C25 混凝土面层（分块捣制，振捣密实，随打随抹平。每块路面长不大于 6 m。沥青砂子或沥青处理松木条嵌缝）。

②20 mm 厚粗砂垫层。

③200 mm 厚卵石灌 M2.5 混合砂浆。

④路基碾压密实：>98%（环刀取样）。

2. 沥青混凝土路面（适用于小区内的车行路）

（1）灰土基础沥青混凝土路面如图 3-17 所示。

做法：

①50 mm 厚沥青混凝土面层压实。

②60 mm 厚碎石。

③200 mm 厚 3∶7 灰土（分两步打）。

④路基碾压密实：＞98%（环刀取样）。

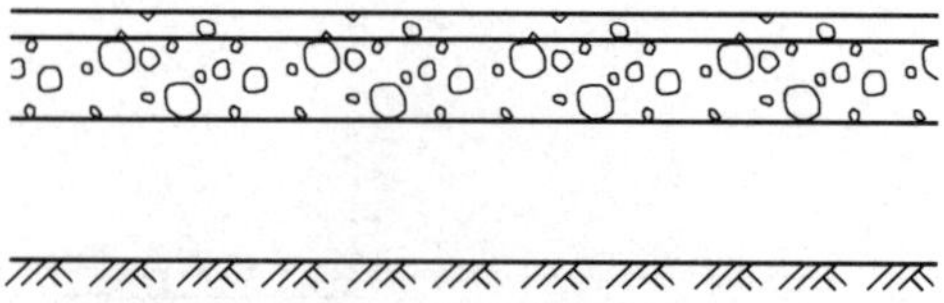

图 3-17　灰土基础沥青混凝土路面

（2）卵石基础沥青混凝土路面如图 3-18 所示。

做法：

①50 mm 厚沥青混凝土面层压实。

②60 mm 厚碎石。

③200 mm 厚卵石灌 M2.5 混合砂浆。

④路基碾压密实：＞98%（环刀取样）。

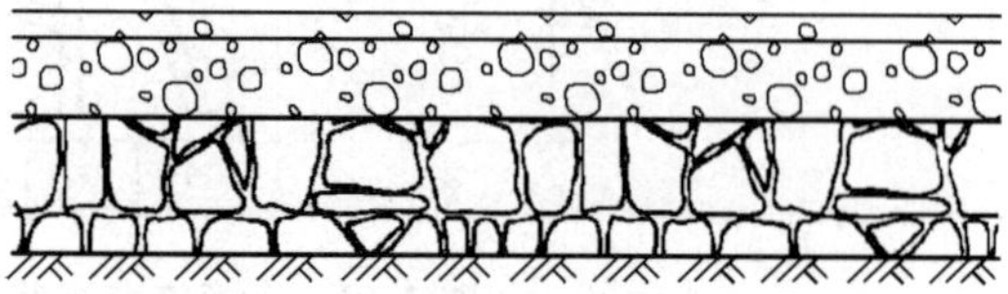

图 3-18　卵石基础沥青混凝土路面

3. 二灰碎石基础沥青混凝土路面

沥青混凝土路面如图 3-19 所示。

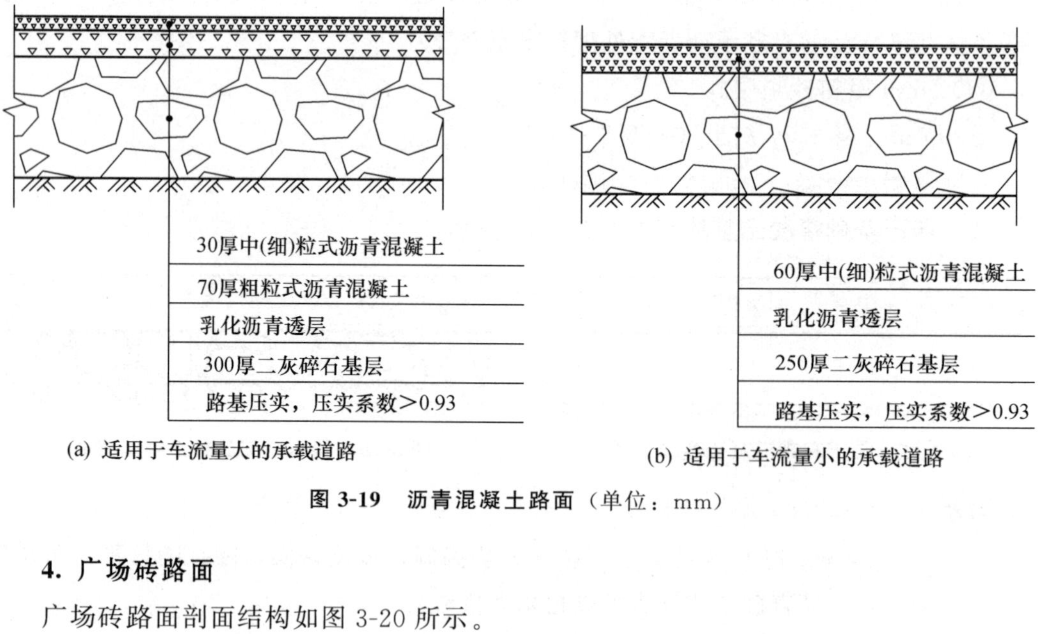

图 3-19　沥青混凝土路面（单位：mm）

4. 广场砖路面

广场砖路面剖面结构如图 3-20 所示。

5. 卵石路面

卵石嵌铺路面剖面结构如图 3-21 所示。

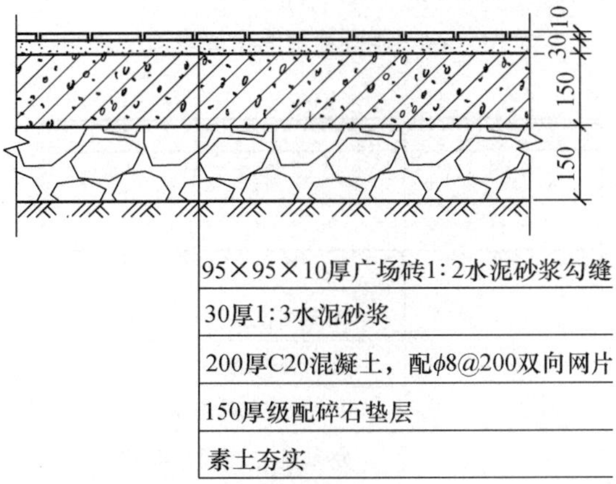

图 3-20　广场砖路面剖面结构（单位：mm）

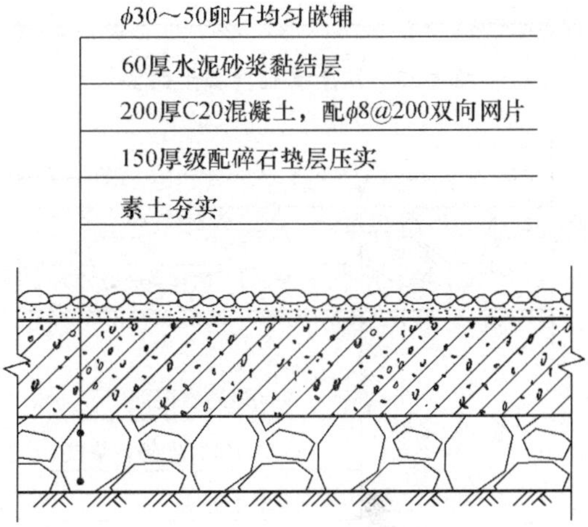

图 3-21　卵石嵌铺路面剖面结构（单位：mm）

6. 花岗岩路面

花岗岩路面剖面结构如图 3-22 所示。

（三） 非承载园路剖面结构

1. 混凝土路面

混凝土路面适用于小区内步行路及人行道。

（1）灰土基础混凝土路面如图 3-23 所示。

灰土基础混凝土路面做法：①60 mm 厚 C20 混凝土路面，振捣密实，随打随抹平，分格长度不超过 6 m，沥青砂子嵌缝；②150 mm 厚 3∶7 灰土；③素土夯实。

（2）卵石基础混凝土路面如图 3-24 所示。

卵石基础混凝土路面做法：①60 mm 厚 C20 混凝土路面，振捣密实，随打随抹平，分格长度不超过 6 m，沥青沙子嵌缝；②150 mm 厚卵石灌 M2.5 混合砂浆；③素土夯实。

（3）透水混凝土路面如图 3-25 所示。

（4）沥青混凝土路面如图 3-26 所示。

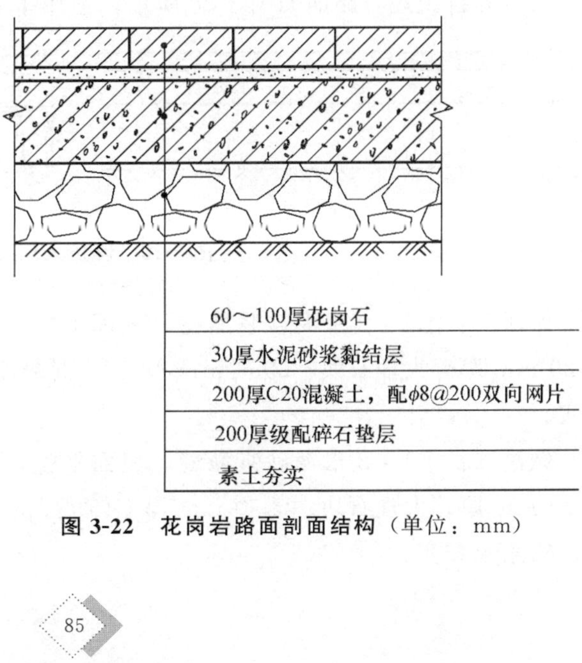

图 3-22　花岗岩路面剖面结构（单位：mm）

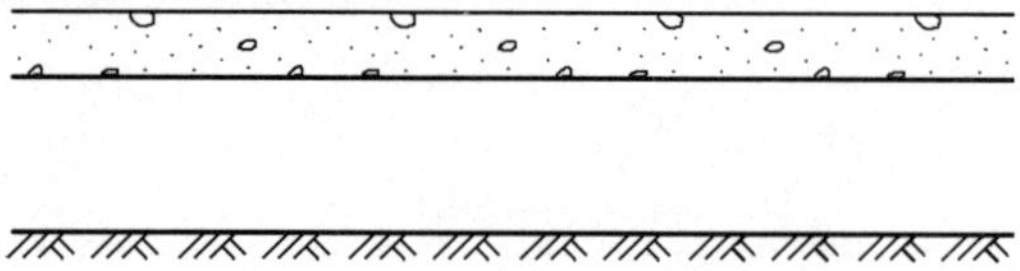

图 3-23 灰土基础混凝土路面

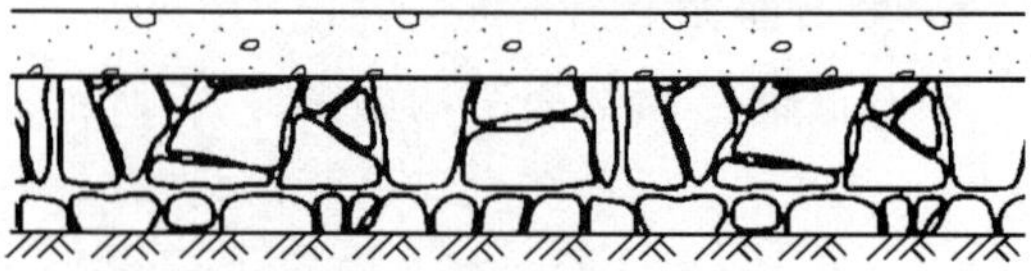

图 3-24 卵石基础混凝土路面

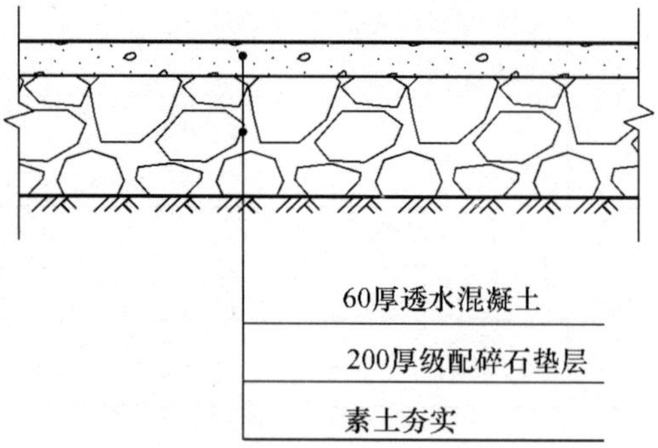

图 3-25 透水混凝土路面（单位：mm）

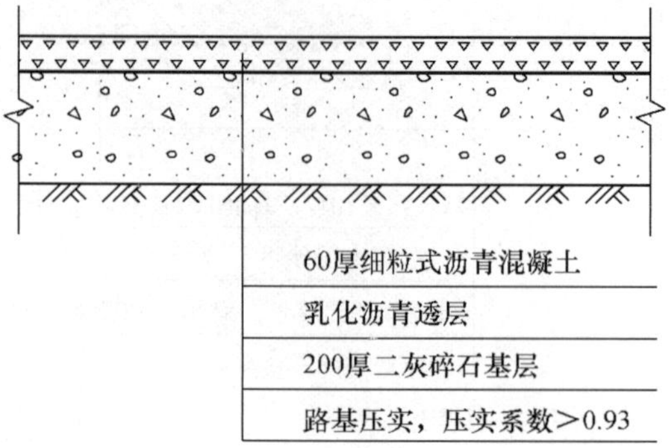

图 3-26 沥青混凝土路面（单位：mm）

（5）混凝土预制块路面如图 3-27 所示。

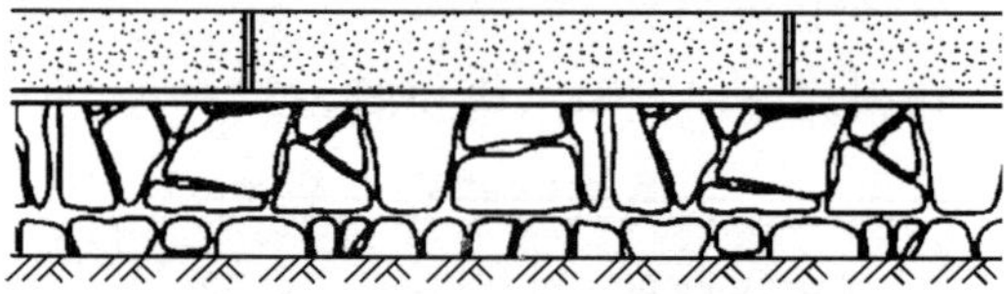

图 3-27 混凝土预制块路面

混凝土预制块路面做法：①495 mm×495 mm×100 mm 预制混凝土方砖，干砂灌缝，洒水使砂沉实；②5 mm 厚 M5 混合砂浆结合层；③200 mm 厚卵石灌 M2.5 混合砂浆；④路基碾压密实：＞98%（环刀取样）。

2. 石路面

（1）碎拼大理石路面如图 3-28 所示，适用于有装饰要求的花园步行路。

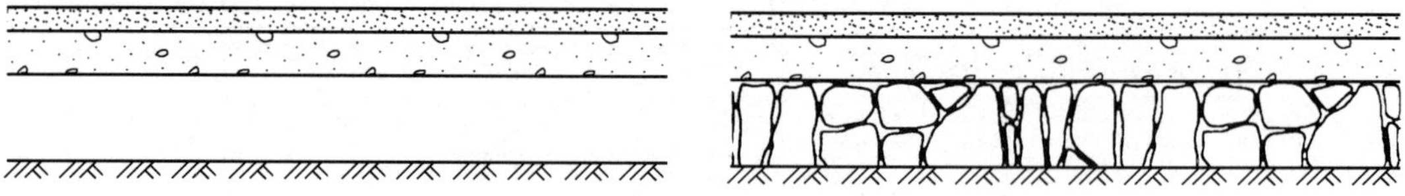

(a) (b)

图 3-28 碎拼大理石路面

做法一：①1∶2 水泥砂浆灌缝，表面平整；②25 mm 厚 1∶3 干硬性水泥砂浆稀铺 20 mm 厚碎大理石块；③50 mm 厚 C15 混凝土；④150 mm 厚 3∶7 灰土；⑤素土夯实。

做法二：①1∶2 水泥砂浆灌缝，表面平整；②25 mm 厚 1∶3 干硬性水泥砂浆稀铺 20 mm 厚碎大理石块；③50 mm 厚 C15 混凝土；④150 mm 厚卵石灌 M2.5 混合砂浆；⑤素土夯实。

（2）卵石路面如图 3-29 所示。

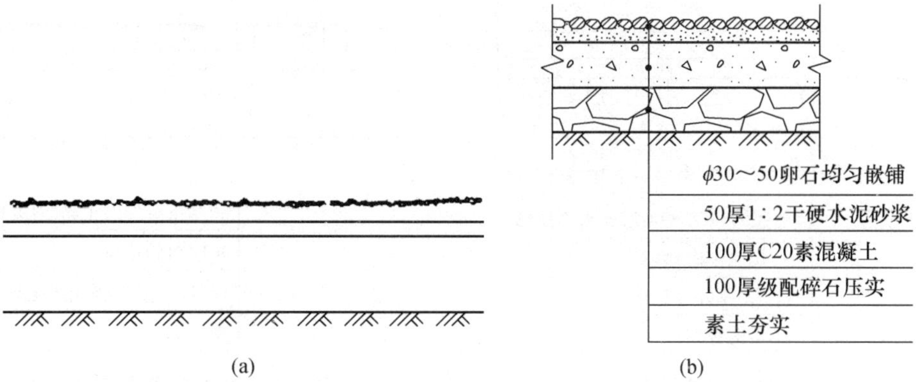

图 3-29　卵石路面（单位：mm）

（3）水洗石路面剖面结构如图 3-30 所示。

（4）花岗石路面剖面结构如图 3-31 所示。

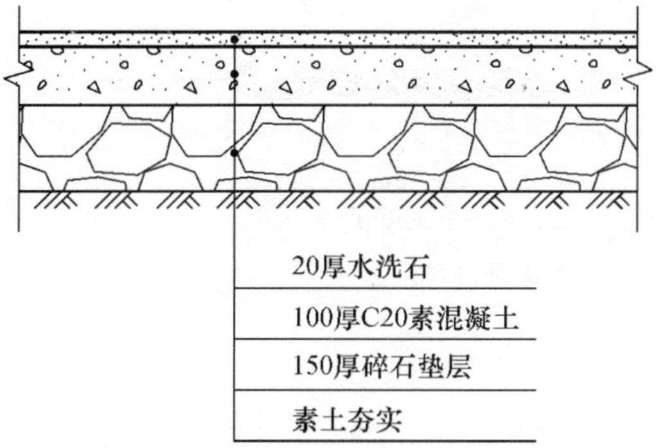

图 3-30　水洗石路面剖面结构（单位：mm）

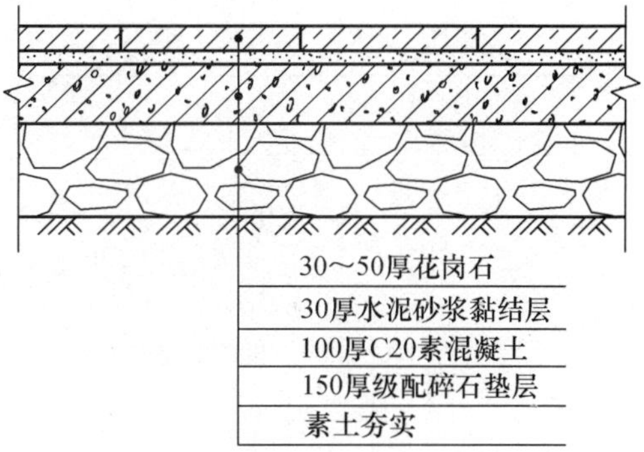

图 3-31　花岗石路面剖面结构（单位：mm）

3. 砖路面

（1）广场砖路面剖面结构如图 3-32 所示。

（2）透水步道砖路面剖面结构如图 3-33 所示。

（3）植草砖路面剖面结构如图 3-34 所示。

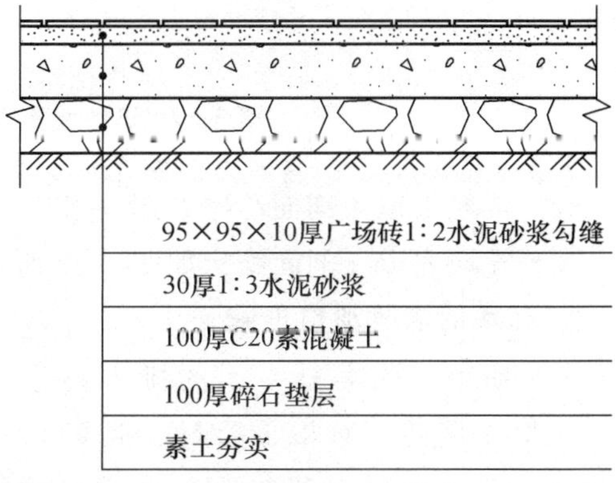

图 3-32　广场砖路面剖面结构（单位：mm）

五、　园路附属工程结构

园路的附属工程主要包括道牙、明渠、雨水井、坡道、台阶等。

1. 道牙

道牙设置在道路的两边，衔接着路面

与路肩，并起到保护路面、聚集和导流排水的作用。

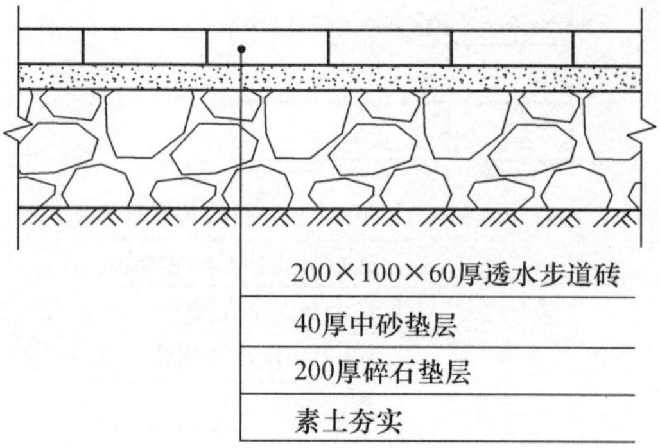

图 3-33 透水步道砖路面剖面结构（单位：mm）

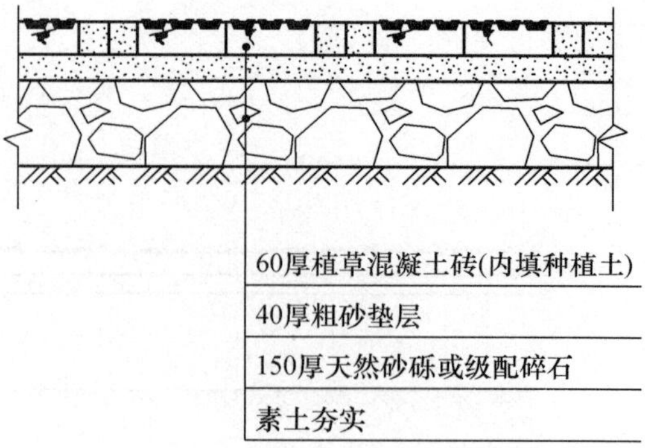

图 3-34 植草砖路面剖面结构（单位：mm）

（1）砖瓦道牙。砖瓦道牙一般有立道牙和平道牙两种形式，也可以根据环境的需要做成各种丰富的样式来装饰路面（图 3-35、图 3-36）。

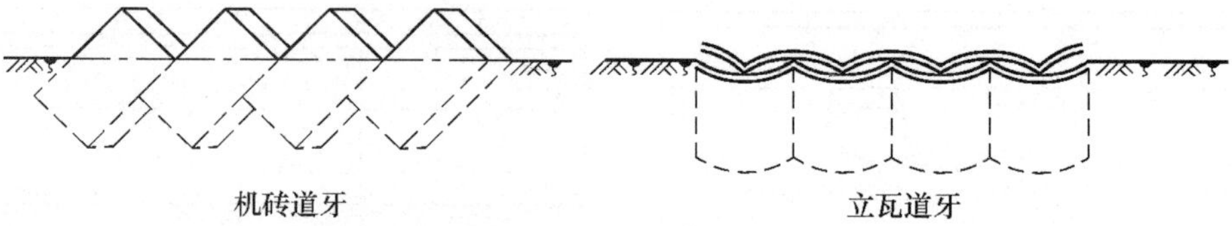

图 3-35 机砖道牙和立瓦道牙

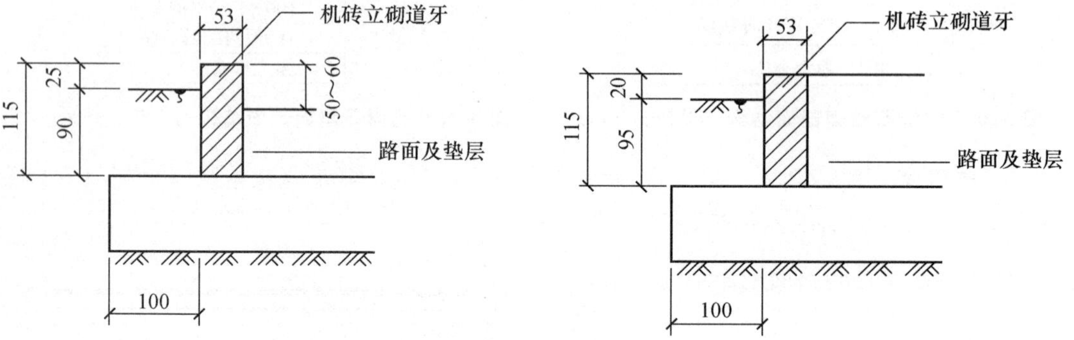

图 3-36 机砖道牙剖面结构（单位：mm）

（2）混凝土道牙剖面结构如图 3-37 所示。

（3）花岗岩道牙剖面结构如图 3-38 所示。

2. 雨水的回收利用设施

（1）明渠。明渠是常用的排水设施，在园林、公园和庭院景观环境中更为多见，一般采用砖、石板、卵石、混凝土砖等材料铺砌而成。明渠暴露于道路平面，因此通常为宽底，下凹较浅，在排水的同时，还起到拓宽路面、分界路面的作用（图 3-39）。

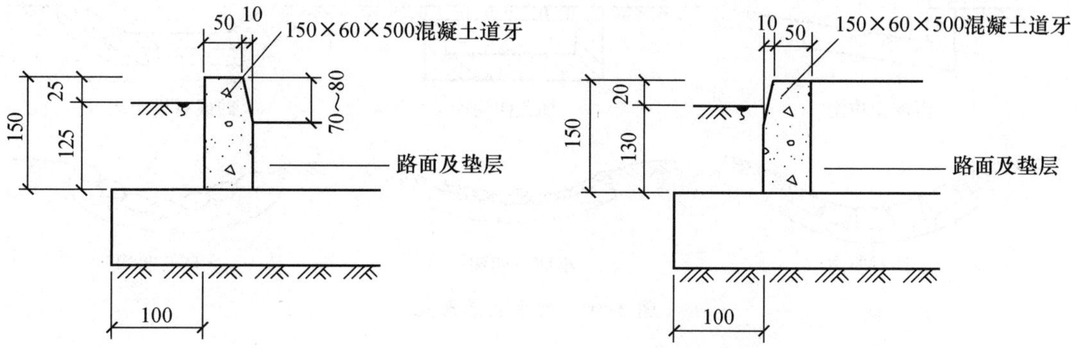

图 3-37　混凝土道牙剖面结构（单位：mm）

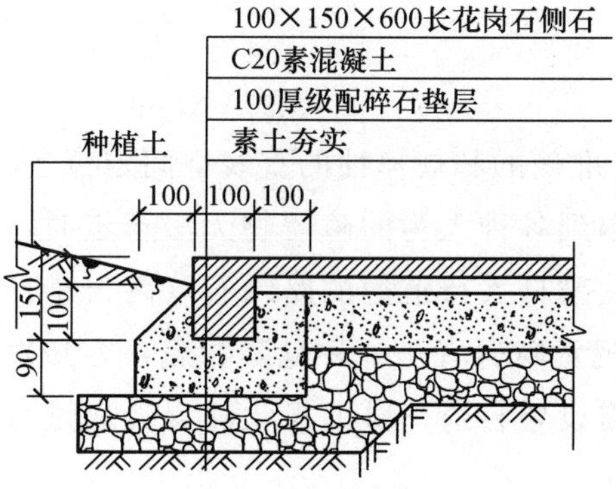

(a) 花岗石平侧石

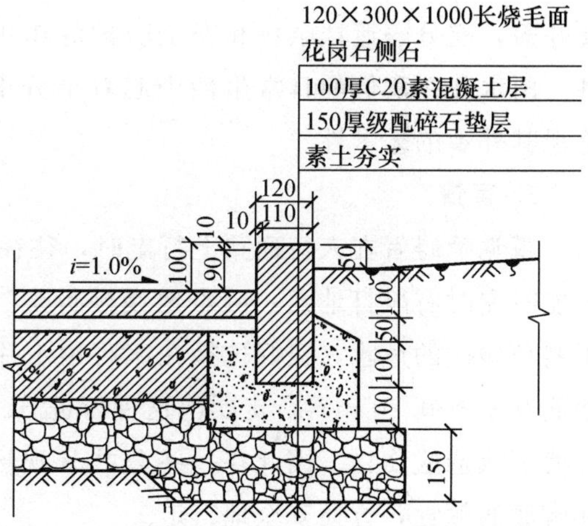

(b) 花岗石立侧石

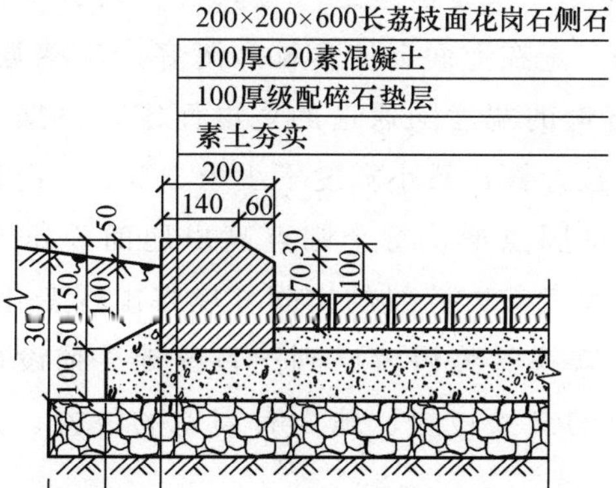

(c) 花岗石倒角立侧石

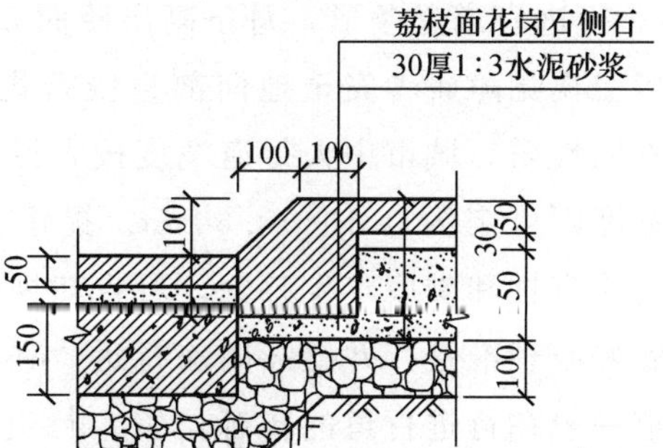

(d) 花岗石倒角立侧石

图 3-38　花岗岩道牙剖面结构（单位：mm）

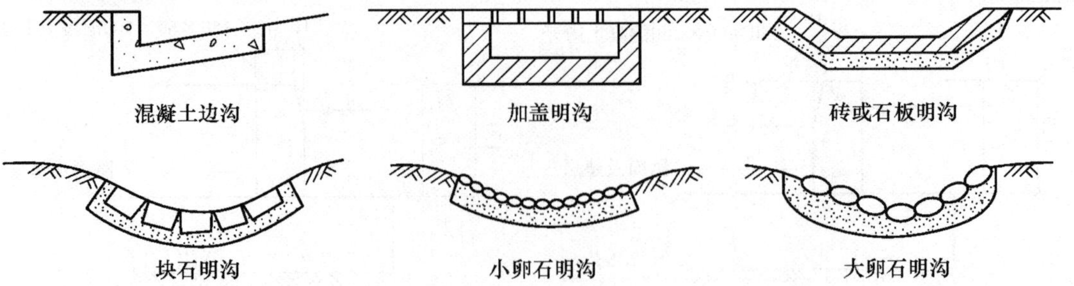

图 3-39 常用明渠形式

(2) 雨水井。雨水井是一般道路最为常用的排水方式，排水速度快，对路面影响较小。雨水井排水口通常与道路持平或略低于路面，地基下铺设专用排水管道，顶部覆井盖，起分隔遮挡杂物和安全防护的作用。常见的雨水井可分为渗水井和集水井两种。雨水井在我们的日常生活中起着十分重要的作用，在现代社会中，人们也越来越重视其外观的艺术性。

3. 盲道

视觉障碍者在人行通路上行走时，往往没有准确的和规律性的直线空间定位条件，只能时左时右敲打地面，困难地慢慢行走。在遇到各种人为的障碍物无法行走时，为了避免碰撞的危险，只好选择在车行道上用盲杖敲打人行道边的路缘石（高出车行道地面 0.15～0.20 m）行走。但这种行进方式对视觉障碍者是一种危险状态，容易发生交通事故造成伤亡。因此在一些公共景观场所需设置盲道，协助视觉障碍者通过盲杖和脚底的触觉，方便安全地行走。

为了指引视觉障碍者向前行走和告知前方路线的空间环境将出现变化或已到达的位置，在铺地中的盲道分为行进盲道（导向砖）和提示盲道（位置砖）两种（图 3-40）。行进盲道呈条形，每条高出砖面 5 mm，走在上面会使盲杖和脚底产生感觉，主要指引视觉障碍者安全地向前直线行走。盲道的宽度随通道的宽度而定，根据地段的不同性质，城市中人行道宽度按人行带倍数计算，最小宽度不小于 1.5 m，而盲道的宽度则可定为 0.40～0.60 m。提示盲道呈圆点形，每个圆点高出地面 5 mm，同样会使盲杖和脚底产生感觉，可告知视觉障碍者前方路线的空间环境将出现变化，提前做好心理准备，并继续向前行进，还可告知视觉障碍者已到达目的地。铺设提示盲道一般在行进盲道的转弯位置、行进盲道的交叉位置、地面有高差的位置、无障碍设施位置等（图 3-41）。

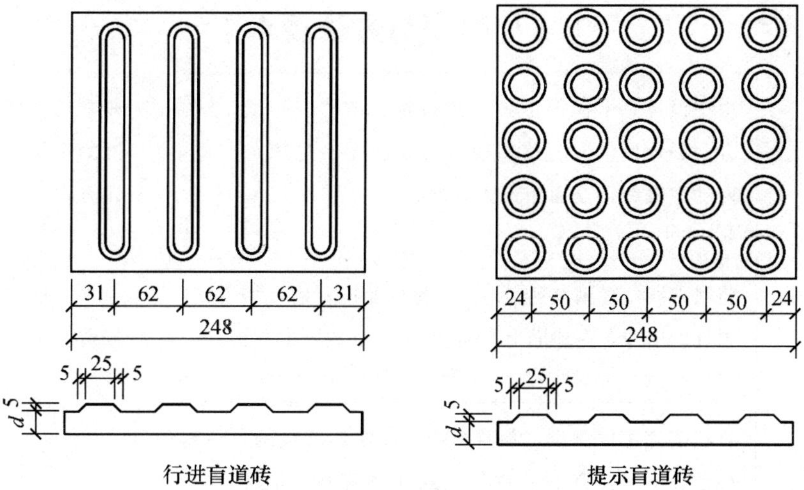

图 3-40 盲道类型与规格（单位：mm）

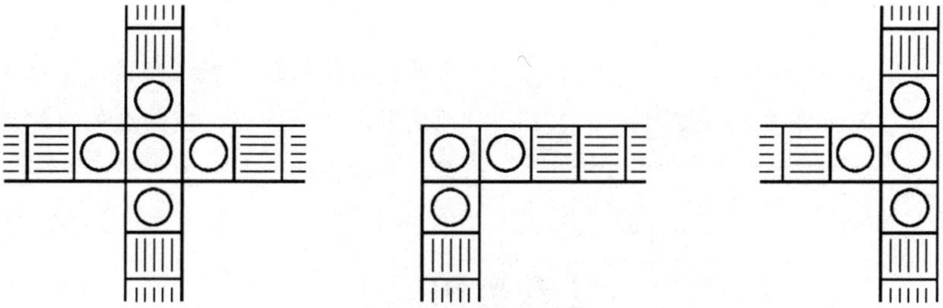

图 3-41 盲道平面铺法

任务 3.1 园路施工放线

【任务目标与质量要求】

（1）能够按照设计图所绘的施工坐标方格网，将所有坐标点测设到场地上并打桩定点。

（2）能够以坐标桩点为准，根据园路设计图，在场地地面上放出场地的边线、主要地面设施的范围线和挖方区、填方区之间的零点线。

（3）会进行地形复核：对照园路广场竖向设计平面图，复核场地地形。各坐标点、控制点的自然地坪标高数据，有缺漏的要在现场测量补上。

【学习产出目标】

学徒参与项目的施工放线，并在师傅的指导下完成该项目的园路场地测设和地形复核步骤，达到施工要求。

【工作程序与方法要求】

步骤	工作内容	要求
方格网测设	根据设计总平面图上各种建筑物、道路、管线，结合现场地形情况与施工现场总平面图，先选定方格网的主轴线，全面布设方格网。	要求：合理选定方格网的主轴线，全面布设方格网。
路中线测设	将路中线位置测设到实地上并做好相应标志，按道路设计的中线，在地面上每隔 20～50 m 放一中心桩。	要求：严格按照标准操作。
直线道路中线测设	直线道路中线测设：参照图纸设计中的放线图，用直角坐标法，通过经纬仪、钢尺测设出道路中线的起点、转折点、终点（线路三主点），以及转折角复测无误后定桩。	要求：根据设计图进行复测。
复测	对照图纸进行复测。	要求：对照园路广场竖向设计平面图，复核场地地形。各坐标点、控制点的自然地坪标高数据，有缺漏的要在现场测量补上。

【业务知识】

在园林绿地内园路的施工放线工作中，平曲线的放线是一项要求精细、工程复杂的工作，尤其是住宅小区内园路两旁楼群耸立，环境复杂，使园路平曲线的放线工作更为复杂。通常情况下，平曲线的放线多使用全站仪极坐标法和交点放射法进行，但极坐标法计算比较麻烦，进度缓慢，交点放射法工作效率和精度都较高，但对于平曲线交点位于建筑物或其他障碍物（如地下车库出入口、假山、围墙等）内，就无法在交点处安置仪器，交点放射法难以适用。对于园路平曲线的交点和圆心都被障碍物遮挡的情况，施工人员通常是先利用“两相似三角形的对应边成比例关系”求出障碍物两侧点的位置，然后再用新求出的点作基点，使用全站仪极坐标法进行施工放线。

【业务经验】

1. 施工放线所需主要材料

（1）直条钢筋一条：长度大于或等于平曲线 AB 的圆弧长度，粗细掌握在能使钢筋易弯曲但不会折断的程度。

（2）卷尺 1～2 把，长度大于平曲线 AB 的弦长，可选择常见规格的卷尺，如 50 m 的皮尺、10 m 的钢卷尺。

（3）定位桩 10 个。

（4）白灰适量。

2. 放线所依据的原理

不在同一直线上的3点确定（有且只有）一个圆，经过这3点的圆的劣弧即要求的平曲线弧线，该弧线是唯一的。

3. 放线方法与步骤

现场施工环境及平曲线各元素关系如图3-42所示。

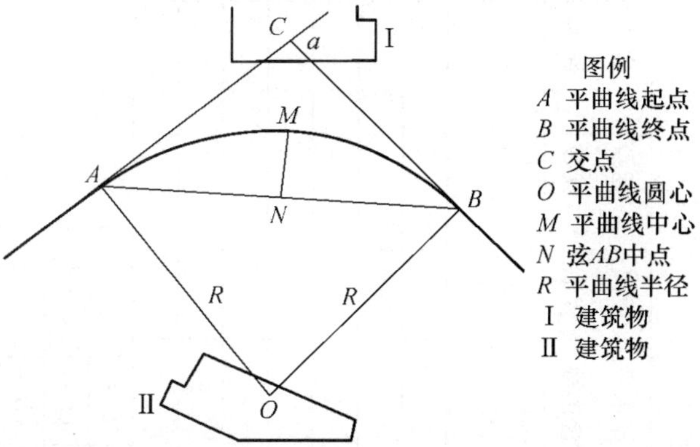

图3-42 现场施工环境及平曲线各元素关系

建筑物Ⅰ和Ⅱ位于园路两旁，但遮挡住了交点 C 和圆心 O，无法用交点放射法放线，也不能在圆心处用其他线型工具直接画圆弧，这是在建筑林立、空间狭小的居住小区施工时经常遇到的情况。

假定园路的两端直线部分的放线工作已经完成，现根据两直线的端点 A、B 两桩的位置进行直线之间平曲线的测量放线工作。

（1）在施工图纸上，连接两直线的端点 A、B 两点，即所求园路平曲线的弦 AB，作弦 AB 的垂直平分线 MN 交弦 AB 于点 N，交圆弧曲线（所求平曲线）于点 M。

（2）根据设计图纸尺寸和比例，先在相应的地面放出弦 AB；然后放出弦 AB 的垂直平分线交弦 AB 于点 N，并在点 N 处打桩；再根据算出的线段 MN 的实际长度在垂直平分线上定出点 M，并在点 M 处打桩。

（3）取一条粗细适宜、长度大于圆弧曲线 AB 的钢筋（可在CAD施工图上，使用线条长度查询命令“list”量出平曲线的弧长），4人协作，使钢筋弯曲成弧线，且经过点 A、M、B 3点。3人把钢筋弯成的曲线固定在地面上，要求钢筋经过的 A、M、B 3点不能移位。另一人沿固定好的钢筋曲线从点 A 到点 B 撒上白灰，即可快速且较准确地放出所要的平曲线。

【工作任务实施记录与评价】

1. 施工放线测量记录

施工放线测量记录表　　编号：　　第　页　共　页

<table>
<tr><td>项目名称</td><td colspan="2"></td><td>施工单位</td><td colspan="2"></td><td>监理单位</td><td colspan="6"></td></tr>
<tr><td>测点范围</td><td colspan="6"></td><td>仪器型号</td><td colspan="5"></td></tr>
<tr><td rowspan="2">测点或桩号</td><td colspan="2">设计坐标</td><td colspan="2">实测坐标</td><td>计算
距离</td><td>计算
角度</td><td>计算水平
度盘读数</td><td>距离
读数</td><td>竖盘
读数</td><td>实测
距离</td><td>实测水平
度盘读数</td><td>实测
角度</td></tr>
<tr><td>X</td><td>Y</td><td>X</td><td>Y</td><td>m</td><td>(°′″)</td><td>(°′″)</td><td>m</td><td>(°′″)</td><td>m</td><td>(°′″)</td><td>(°′″)</td></tr>
<tr><td>0＃墩基础中心点</td><td></td><td></td><td></td><td></td><td></td><td></td><td></td><td></td><td></td><td></td><td></td><td></td></tr>
<tr><td></td><td></td><td></td><td></td><td></td><td></td><td></td><td></td><td></td><td></td><td></td><td></td><td></td></tr>
<tr><td>1＃墩基础中心点</td><td></td><td></td><td></td><td></td><td></td><td></td><td></td><td></td><td></td><td></td><td></td><td></td></tr>
<tr><td></td><td></td><td></td><td></td><td></td><td></td><td></td><td></td><td></td><td></td><td></td><td></td><td></td></tr>
<tr><td>2＃墩基础中心点</td><td></td><td></td><td></td><td></td><td></td><td></td><td></td><td></td><td></td><td></td><td></td><td></td></tr>
<tr><td></td><td></td><td></td><td></td><td></td><td></td><td></td><td></td><td></td><td></td><td></td><td></td><td></td></tr>
<tr><td>3＃墩基础中心点</td><td></td><td></td><td></td><td></td><td></td><td></td><td></td><td></td><td></td><td></td><td></td><td></td></tr>
<tr><td></td><td></td><td></td><td></td><td></td><td></td><td></td><td></td><td></td><td></td><td></td><td></td><td></td></tr>
</table>

<table>
<tr><td rowspan="4">算数据</td><td>测站点坐标</td><td>$X=$</td><td></td><td>$Y=$</td><td></td><td rowspan="4">对点观测数据</td><td>斜距离</td><td>$D=$</td><td></td><td rowspan="4">草图</td><td rowspan="4"></td></tr>
<tr><td>后视点坐标</td><td>$X=$</td><td></td><td>$Y=$</td><td></td><td>竖直度盘</td><td>$Q=$</td><td></td></tr>
<tr><td>距离</td><td colspan="2">$AB=$</td><td colspan="2"></td><td>实测水平距离</td><td>$AB=$</td><td></td></tr>
<tr><td colspan="5"></td><td>水平度盘</td><td colspan="2"></td></tr>
<tr><td>自检意见</td><td colspan="6"></td><td>监理意见</td><td colspan="4"></td></tr>
<tr><td>测量</td><td></td><td>计算</td><td></td><td>复核</td><td></td><td>监理复核意见</td><td colspan="3">签名：</td><td>测量日期</td><td></td></tr>
</table>

2. 场地测设精准度记录

师傅指导记录	场地测设质量评价	评价成绩
（测量仪器使用）		
（精准度）		年　月　日

3. 学徒关键职业能力及职业品质、工匠精神评价

项目	A	B	C	D
工作态度				
吃苦耐劳				
团队协作				
沟通交流				
学习钻研				
认真负责				
诚实守信				

任务 3.2　修筑路槽

【任务目标与质量要求】

熟练掌握土方开挖修筑路槽的关键技术点：土方的开挖要直到设计的标高处，挖填方工程基本完成后，对挖填出的新地面进行整理。要铲平地面，根据各坐标桩标明的该点填挖高度数据和设计的坡度数据，对场地进行找坡，夯实后保证场地内各处地面都基本达到设计的坡度及标高要求。

【学习产出目标】

能够在师傅的指导下，按照施工要求现场指挥工人和机械进行土方开挖、修筑路槽。

【工作程序与方法要求】

● 放平桩	道路边线设定后，在路槽内开挖横向样槽，间距以 3～5 m 为宜。放平桩的还应放纵向样槽，即在路槽中心和两侧沿线纵向开挖样槽，以便于施工人员准确施工。	要求：样槽间距符合要求，沿线纵向开挖。
● 开挖	平桩放好后，可用镐和铁锹全面开挖。	要求：严格按照标准操作。
● 修整	路槽挖出后用路拱板进行检查，经过人工修整适当铲平或培植至设计标高要求，路槽范围内的管沟等应分层填土夯实。	要求：填土时分层填土夯实。
● 夯实	路槽修整后用蛙式打夯机夯实 2～3 遍，直至符合要求为止。	要求：夯实次数要够。

【业务知识】

在修建各种路顶之前，为了经碾压后使路面更加稳定坚实，应在要修建的路面下先修筑路面用的线槽面。根据工程的实际情况，修筑时可由机械和人工配合或纯人工进行。

1. 机械和人工配合挖槽

（1）施工程序：测量放线—培肩—压实—恢复边线—清槽—整修—压实—浇筑垫层—铺设面层。

（2）操作工艺。

①测量放线：路槽培肩前，应沿道路中心线测定路槽边缘位置和培垫高度，按间距 20～60 m，用麻绳挂线撒石灰放出纵向边线，桩上应按虚铺度做出明显标记，虚铺系数根据所用材料通过试验确定。

②培肩：根据所放的边线先将培肩部位的草和杂物清除，然后用机械或人工进行培肩。培肩宽度应伸入路槽 15～30 cm，每层虚铺厚度以不大于 30 cm 为宜。

③压实：路肩培好后，将采用蛙式打夯机进行压实。

④恢复边线：操作工艺与测量放线基本相同，将路槽边线基本恢复。

⑤清槽：根据恢复的边线，按挖槽式操作工艺，用机械或人工将培肩时多余部分的土清除，经整修后，采用打夯机对路槽进行压实。

整修、压实等操作与槽挖式相同。

2. 人工挖槽

因为铺装工程是在土方、地下管线施工完成后才能施工，此时又不便于机械施工，所以采用人工挖槽式修筑路槽。

(1) 放平桩（横向样槽）：道路边线设定后，在路槽内开挖横向样槽，间距以3～5 m为宜。放平桩的还应放纵向样槽，即在路槽中心和两侧沿线纵向开挖样槽，以便于施工人员准确施工。

(2) 开挖：平桩放好后，可用镐和铁锹全面开挖。

(3) 修整：路槽挖出后用路拱板进行检查，经过人工修整适当铲平或培植至设计标高要求。路槽范围内的管沟等应分层填土夯实。

(4) 夯实：路槽修整后用蛙式打夯机夯实2～3遍，直至符合要求为止。

【业务经验】

土方的开挖要直到设计的标高处，挖填方工程基本完成后，对挖填出的新地面进行整理。要铲平地面，根据各坐标桩标明的该点填挖高度数据和设计的坡度数据，对场地进行找坡，夯实后保证场地内各处地面都基本达到设计的坡度及标高要求。

【工作任务实施记录与评价】

1. 路槽质量检验

路槽质量检验单

合同号：____________

起始桩号			施工单位	
施工日期			检验日期	
检验项目		要求	检验次数	检验结果
(0～30 cm) 压实度/%				
纵断高程/m				
宽度/m				
平整度/mm				
横坡度/%				
中线平面偏位/mm				
弯沉值/mm				
曲线	超高			
	加宽			
质量评定				
承包人签字、日期			监理签字、日期	

2. 路槽施工评价

师傅指导记录	质量评价	评价成绩
		年　月　日

3. 学徒关键职业能力及职业品质、工匠精神评价

项目	A	B	C	D
工作态度				
吃苦耐劳				
团队协作				
沟通交流				
学习钻研				
认真负责				
诚实守信				

任务 3.3　园路基层施工

【任务目标与质量要求】

(1) 掌握基础压实要求：场地要平整，找坡，压实度为 93%，要符合设计标高要求。

(2) 掌握人工摊铺碎石的方法及碾压要求。

(3) 掌握砼垫层的施工要求：

①模板要支撑牢固，安装要保证具有足够的稳定性，确保施工中不变形。安装完毕后，仔细检查模板的平顺性和垂直度。标高控制符合要求。

②在完成的基层上定点放线，每 10 m 为一点，根据设计标高，用钢筋插入基础控制成熟面标高。

③复核、检查和确认广场边线和各设计标高点的正确无误后，可进入下道工序。

④在浇筑混凝土稳定前，在干燥的基层上洒水或 1∶3 砂浆。

⑤按设计的材料比例配制、浇筑、捣实混凝土，并用长 1 m 以上的直尺将顶面刮

平，顶面稍干一点，再用抹灰砂板抹至设计标高。施工中要注意做出路面的横坡和纵坡。

⑥混凝土面层施工完成后，应及时开始养护，养护期为 7 d 以上，可用遮阳布及塑料皮覆盖在路面上进行养护。

【学习产出目标】

在师傅的指导下，能够跟进项目，现场指挥机械、工人进行园路垫层施工，并能够明确每道工序的技术要求。

【工作程序与方法要求】

工序	方法	要求
● 素土夯实	用蛙式打夯机夯实 2～3 遍，直至符合密度要求为止，夯实后应人工修整个别不平整之处。	要求：场地要平整，找坡，压实度为 93%，要符合设计标高要求。
● 级配碎石压实	用人工摊铺碎石，以设计的摊铺厚度，纵横断面符合要求厚度一致。先用 10～12 t 压路机碾压，碾速宜慢，每分钟为 25～30 m，后轮重叠宽 1/2，先沿整修过的路肩一起碾压，往返压两遍，即开始自路面边缘压至中心。碾压一遍后，局部不平处，要去高垫低。至符合标高后，洒少量水花，再继续碾压，至碎石初步稳定无明显位移为止。	要求：这个阶段一般需压 3～4 遍。
● 砼垫层	(1) 支模板。 (2) 在完成的基层上定点放线，每 10 m 为一点，根据设计标高，用钢筋插入基础控制标高。 (3) 复核、检查和确认广场边线和各设计标高点的正确无误后，可进入下道工序。 (4) 在浇筑混凝土稳定前，在干燥的基层上洒水或 1∶3 砂浆。 (5) 按设计的材料比例配制、浇筑、捣实混凝土，并用长 1 m 以上的直尺将顶面刮平，顶面稍干一点，再用抹灰砂板抹至设计标高。施工中要注意做出路面的横坡和纵坡。 (6) 混凝土面层施工完成后，应及时开始养护，养护期为 7 d 以上，可用遮阳布及塑料皮覆盖在路面上进行养护。	要求：模板要支撑牢固，安装要保证具有足够的稳定性，以确保施工中不变形。安装完毕后，仔细检查模板的平顺性和垂直度。标高控制符合要求。

【业务知识】

垫层是承重和传递荷载的构造层。垫层工程内容包括底层平整及原材料处理、洒水拌和、分层铺设、找平压实、养护、砂浆调制运输等过程，主要的工序为：基础压实—级配碎石—砼垫层。

1. 园路施工中砼的处理

(1) 搅拌砼。在现场设置搅拌机进行砼的集中搅拌，搅拌投料的顺序：石子→砂→水泥→UEA 膨胀剂→水。投料干拌 0.5～1 min 再加水。水分三次加入，加水后搅拌 1～2 min（比普通砼搅拌时间延长 0.5 min）。砼搅拌前必须严格按试验配合比通知单操作，不得擅自修改。散装水泥、砂、石按车过磅，在雨季，砂、石必须每天测定含水率，调整用水量。现场搅拌落度控制在 6～8 cm。

(2) 运输砼。砼运输供应保持连续均衡，间隔不应超过 1.5 h，砼运输后如出现离析，浇筑前进行两次拌和。

(3) 浇筑砼。园路浇筑，按设计规定留置伸缩缝，不得任意留设施工缝。在浇筑园路砼时宜先低处后高处，避免出现冷缝。在砼浇筑时，应采用机械进行振捣，以保证砼的密实，振捣时间一般以 10 s 为宜，不应漏振或过振，振捣延续时间应使砼表面浮浆，无气泡，不下沉为止。铺灰和振捣应选择对称位置开始，防止模板走动，结构断面较小。常温下砼浇筑后 6～10 h 应覆盖浇水养护，要保持砼表面湿润，养护时间不少于 14 d。

2. 不同垫层材料及施工要求

(1) 灰土垫层。灰土垫层是用消石灰和黏土（或粉质黏土、粉土）的拌合料铺设而成，应铺在不受地下水浸湿的基土上，其厚度一般不小于 100 mm。

①材料要求：消石灰应采用生石灰块，使用前 3～4 d 予以消解，并加以过筛，其粒径不得大于 5 mm，不得夹有未熟化的生石灰块，也不得含有过多水分；土料直接采用就地挖出的土，不得含有有机杂质，使用前应过筛，其粒径不得大于 15 mm；灰、土的配合比（体积比）一般为 2∶8 或 3∶7。

②施工要点：灰土拌和料应保证比例准确、拌和均匀、颜色一致，拌好后及时铺设夯实，灰土拌和料应适当控制含水量；灰土拌和料应分层铺平夯实，每层虚铺厚度一般为 150～250 mm，夯实到 100～150 mm；人工夯实可采用石夯或木夯，夯重 40～80 kg，路高 400～500 mm，一夯压半夯；每层灰土的夯打遍数应根据设计要求的干密度在现场试验确定；上下两层灰土的接缝距离不得小于 500 mm，在施工间歇后和继续铺设前，接缝处应清扫干净，并应重叠夯实；夯实后的表面应平整，经适当晾干后方可进行下道工序的施工；灰土的质量检查，宜用环刀取样，测定其干密度。

(2) 砂垫层。砂垫层是用砂铺设而成，砂垫层的厚度不小于 60 mm。

①材料要求：砂中不得含有草根等有机杂质，冻结的砂不得使用。

②施工要点：用表面振捣器捣实时，每层虚铺厚度为 200～500 mm，最佳含水量为 15%～20%，要使振动器往复振捣；用内部振捣器捣实时，每层虚铺厚度为振捣器的插入深度，最佳含水量为饱和，振捣时不应插至基土上，振捣完毕后，所留孔洞要用砂填塞；用木夯或机械夯实时，每层虚铺厚度为 150～200 mm，最佳含水量为 8%～12%，一夯压半夯，全面压实；用压路机碾压时，每层虚铺厚度为 250～300 mm，最佳含水量为 8%～12%，要往复碾压；砂垫层的质量检查，可用容积不小于 200 cm^3 的环刀取样，测定其密度，以不小于该砂料在中密状态下的干密度数值为合格，中砂在中密状态的干密度一般为 1.55～1.6 g/m^3。

(3) 天然级配砂石垫层。天然级配砂石垫层是用天然砂石铺设而成的，其厚度不小于 100 mm。

①材料要求：砂和石子不得含有草根等有机杂质，冻结的砂和冻结的石子均不得使用；石子的最大粒径不得大于垫层厚度的 2/3。

②施工要点：用表面振捣器捣实时，每层虚铺厚度为 200～250 mm，最佳含水量为 15%～20%，要使振捣器往复振捣；用内部振捣器捣实时，每层的虚铺厚度为振捣器的插入深度，最佳含水量为饱和，插入间距应按振动器的振幅大小决定，振捣时不应插至基土上，振捣完毕后，所留孔洞要用砂塞填；用木夯或机械夯实时，每层虚铺厚度为 150～200 mm，最佳含水量为 8%～12%，要一夯压半夯，全面压实；用压路机碾压时，每层的虚铺厚度为 250～350 mm，最佳含水量为 8%～12%，要往复碾压；砂石垫层的质量检查，可在垫层中设置纯砂检查点，在同样施工条件下，按砂垫层质量检查方法及要求检查。

(4) 素混凝土垫层。素混凝土垫层是用强度不低于 C10 的混凝土铺设而成的，其厚度不应小于 60 mm。水泥可采用硅酸盐水泥、普通硅酸盐水泥、炉渣硅酸盐水泥、火山灰质。

【业务经验】

雨季施工措施：为了工程施工的连续性，各施工点相应地配备适量的防雨布，以便在灰土施工期间的遮盖；对于已备好的未掺石灰的土，在雨前用压路机碾压 1～2 遍，同时注意排水，待天晴时很快便可晒干、风干，投入施工。

【工作任务实施记录与评价】

1. 相关工序施工质量评定表

素土路基（面）工序施工质量评定表

<table>
<tr><td colspan="2">单项工程名称</td><td></td><td>单元工程名称</td><td colspan="2"></td></tr>
<tr><td colspan="2">单位工程名称</td><td></td><td>工序工程量</td><td colspan="2"></td></tr>
<tr><td colspan="2">分部工程名称</td><td></td><td>评定日期</td><td colspan="2">年　月　日</td></tr>
<tr><td>项次</td><td>基本项目</td><td colspan="2">质量标准</td><td colspan="2">检查结果</td></tr>
<tr><td>1</td><td>原地表处理</td><td colspan="2">植被、杂物、积水和表土等须清除，明显的凹凸应处理。清理后的基底按要求进行压实</td><td colspan="2">合格</td></tr>
<tr><td>2</td><td>土质</td><td colspan="2">符合设计要求，无石块、砂礓、杂草、淤泥、弹簧土等杂物</td><td colspan="2">合格</td></tr>
<tr><td>3</td><td>光面处理</td><td colspan="2">洒水湿润</td><td colspan="2">合格</td></tr>
<tr><td>项次</td><td>允许偏差项目</td><td>允许偏差</td><td>检测值</td><td>合格数</td><td>合格率/%</td></tr>
<tr><td>1</td><td>基底清理范围/m</td><td>≥+0.5</td><td></td><td></td><td></td></tr>
<tr><td>2</td><td>压实度</td><td>压实系数≥0.95</td><td></td><td></td><td></td></tr>
<tr><td>3</td><td>平整度/mm</td><td>≥15</td><td></td><td></td><td></td></tr>
<tr><td>4</td><td>宽度/mm</td><td>−0.5%～1.0%设计值</td><td></td><td></td><td></td></tr>
<tr><td>5</td><td>铺土厚度/mm</td><td>≥300 mm</td><td></td><td></td><td></td></tr>
<tr><td>6</td><td>含水量</td><td>±5%规定值</td><td></td><td></td><td></td></tr>
<tr><td rowspan="2">检测结果</td><td>基本项目</td><td colspan="4">合格</td></tr>
<tr><td>允许偏差项目</td><td colspan="4">共检测　　点，合格　　点，合格率　　%</td></tr>
<tr><td rowspan="5">单元工程质量等级</td><td rowspan="2">施工单位自检结果</td><td colspan="3">本工序基本项目　　符合质量标准，允许偏差项目　　%符合质量标准。</td><td rowspan="2">质量等级</td></tr>
<tr><td colspan="3">质检负责人：</td></tr>
<tr><td rowspan="3">监理单位复核意见</td><td colspan="3">□自检结果与抽验结果相符</td><td rowspan="3">质量等级</td></tr>
<tr><td colspan="3">□自检结果与抽验结果不符</td></tr>
<tr><td colspan="3">监理工程师：</td></tr>
</table>

级配碎石底基层检验记录表

施工单位：　　　　　　　　　　　　　　　　合同编号：

监理单位：

单位及分部工程名称				施工时间										
桩号及部位				检验时间										
项次	检验项目		规定值及允许偏差	检验方法和频率	检验结果									
					1	2	3	4	5	6	7	8	9	10
1	压实度/%	代表值												
		极值												
2	弯沉值/0.01 mm													
3	平整度/mm													
4	纵断高程/mm													
5	宽度/mm													
6	厚度/mm	代表值												
		合格值												
施工单位自检说明： 初检：　　　　复检：　　　　终检： 年　　月　　日				监理意见： 监理工程师： 年　　月　　日										

水泥混凝土垫层检验批质量验收记录

编号：

单位（子单位）工程名称			分部（子分部）工程名称			
分项工程名称			验收部位			
施工单位					项目经理	
施工执行标准名称及编号					专业工长（施工员）	
分包单位		/			分包项目经理	/
类别	序号	检查项目	质量标准	单位	施工单位自检记录	监理（建设）单位验收记录
主控项目	1	原材料及配合比				
	2	强度等级				
	3	厚度				

续表

类别	序号	检查项目	质量标准	单位	施工单位自检记录	监理（建设）单位验收记录
主控项目	4	缩缝间距				
	5	混凝土强度及试件留置				
	6	混凝土运输、浇筑及间歇时间				
一般项目	1	施工配合比及开盘鉴定				

2. 学徒施工工序评价表

素土夯实施工评价

师傅指导记录	质量评价	评价成绩
		年　月　日

级配碎石垫层施工评价

师傅指导记录	质量评价	评价成绩
		年　月　日

混凝土垫层施工评价

师傅指导记录	质量评价	评价成绩
		年　月　日

学徒关键职业能力及职业品质、工匠精神评价

项目	A	B	C	D
工作态度				
吃苦耐劳				
团队协作				
沟通交流				
学习钻研				
认真负责				
诚实守信				

任务 3.4　面层施工

【任务目标与质量要求】

（1）掌握施工准备相关内容。

（2）掌握砂浆摊铺技法及标准。

（3）掌握花岗岩路面铺贴、整形、灌缝方法。

【学习产出目标】

（1）会拌和砂浆。

（2）在师傅的指导下能够完成砂浆摊铺，花岗岩路面铺贴、整形和灌缝。

【工作程序与方法要求】

● 施工准备

（1）根据设计要求及铺贴方法，准备好各种材料及其辅助材料。

（2）各类材料按设计图案要求，事先选好统一编号，以便对号入座。

（3）各种填充材料、黏结剂按设计要求备料。

要求：（1）块料面层要求规格一致，平整方正，不能有缺棱掉角，不开裂，无凸、凹扭曲，颜色均匀。

（2）面层铺装板的规格应符合设计要求。

（3）路（墙）面石材码放时应轻拿轻放，码放整齐并按批量、颜色、块形、厚度、抗压强度分别堆放。

● 定点放线

在已经完成的砼基层上，重新定点放线。分段根据设计标高、路面宽度定放边桩、中桩，拉好边线。

要求：路面每 10 m 为一个施工段。

●确定砌块数量	确定砌块路面的砌块列数及其拼装方法。	要求：铺砌面砖前应首先弹好各花样品种的分隔线。
●选料	选料时应按配花、品种挑选。	要求：尺寸基本一致，纹理通顺，并分类存放，待铺贴时取用。分块排列布置要求对称，缝子要求贯通。
●铺贴	(1) 铺贴前对铺装材料的规格、尺寸、外观质量、色泽进行预选。 (2) 根据水平线、中心线，预排铺好两侧标准。 (3) 铺贴前，应先将基层浇水湿润，再刷水泥浆一道。 (4) 拉线进行铺贴。 (5) 面层铺贴 24 h 内，应根据各类面层要求分别进行擦缝、勾缝、压缝工作。	要求：(1) 水泥浆应随刷随铺，不得有风干现象。 (2) 施工时，应采用分段顺序铺贴。按标准进行拉线，并随时做好各工序的检查和复验工作以保证铺贴质量。 (3) 缝的深度及宽度应均匀，擦缝和勾缝宜采用同品种、同标号、同颜色水泥，同时应及时清理表面水泥，并做好面层养护工作。

【业务知识】

花岗岩园路铺装施工

1. 工艺流程

本工程施工工艺流程是施工准备—砂浆摊铺—路面铺贴—整形—灌缝。

(1) 清理基层。首先，将混凝土层表面的积灰及杂物等清理干净。然后，当路宽小于等于 5 m 时，砼垫层沿路纵向每隔 4 m 分块做缝，缝宽 10 mm；每隔 30 m 设一平头缝，缝宽 30 mm，沥青胶泥填缝。当路宽大于 5 m 时，沿路中心线做纵缝，沿路纵向每隔 4 m×4 m 分块做缝，缝宽 10 mm；每隔 30 m 设一平头缝，缝宽 30 mm，沥青胶泥填缝。广场按不大于 6 m×6 m 分块设平头缝，缝宽 20 mm，沥青胶泥填缝。如局部凹凸不平，应将凸处凿平，凹处补平。

(2) 找平、弹线。按照设计图纸，每个 4 m×4 m 方格开始铺砌前，先根据位置和高程在四角各铺一块基准石材，在此基础上在两侧各铺一条基准石材。经测量检查，高程与位置无误后，再进行大面积铺砌。

(3) 试拼和排版。铺设前对每一块石材，按方位、角度进行试拼。试拼后按两个方向编号排列，然后按编号排放整齐。为检验板块之间的缝隙，核对板块位置与设计图纸是否相符合。

（4）水平和垂直铺贴。水平铺贴：砂浆为1∶2.5水泥砂浆，打底30 mm厚，纯水泥砂浆铺贴。铺贴完成后用1∶2水泥砂浆填缝。垂直铺贴：砂浆为1∶2.5水泥砂浆，打底20 mm厚，纯水泥砂浆铺贴。花岗岩板材厚度为3 cm。按水平线定出砂浆虚铺厚度（经试验确定），拉好"十"字线，即可铺筑砂浆。用1∶2.5干硬性水泥砂浆，铺好后刮大杠、拍实、用抹子找平，其厚度高出水平线2～3 mm。

（5）花岗岩铺贴。铺贴前预先将花岗岩除尘，浸湿后阴干备用。在板块试铺时，放在铺贴位置上的板块对好纵横缝后用预制锤轻轻敲击板块中间，把砂浆振密实，锤到铺贴高度。板块试铺合格后，翻开板块，检查砂浆结合层是否平整、密实。增补砂浆，在水泥砂浆层上浇一层水灰比为1∶2左右的素水泥浆，然后将板块轻轻地对准原位放下，用橡皮锤轻击放于板块上的木垫板使板平实，根据水平线用水平尺找平，接着向两侧和后退方向顺序铺贴。铺装时随时检查，如发现有空隙，应将板材掀起，用砂浆补实后再进行铺设。

（6）灌缝、擦缝。铺砌完后，将按板材的颜色用白水泥和颜料与板材色调相近的1∶2稀水泥浆装入小嘴浆壶，徐徐灌入板块之间的缝隙内，流在缝边的浆液用牛角刮刀喂入缝内，至基本饱满为止，缝宽为2 mm；12 h后，再用棉纱团蘸浆擦缝至平实光滑，黏附在石面上的浆液随手用湿纱团擦净。

（7）覆盖养护。灌浆擦缝完24 h后，应用土工布或干净的细砂覆盖，喷水养护不少于7 d。

2. 工艺说明

（1）施工准备。

①材料准备应符合下列要求：

根据设计要求及规范规定对所用材料进行质量检验，合格后方可进场；

路（墙）面石材码放时应轻拿轻放，码放整齐并按批量、颜色、块形、厚度、抗压强度分别堆放。

②定位标定高程及基层复查：

根据设计图纸进行路面的定位及标定高程。对基层表面进行复查，不符合要求，应进行修整。

③路面石材基准点和基准线的设定：

根据铺筑平面设计图，在波打石边应设定路面石材基准点。通过路面石材基准点，应设置两条相互垂直的路面石材基准线，其中一条基准线与波打基准线的夹角宜为0°或45°。

设置两个及以上路面石材基准点同时铺筑路面石材时，根据工程规模及路面石材块形尺寸，宜设间距为5～10 m的纵横平行路面石材基准线。

（2）砂浆垫层的摊铺。

①砂浆垫层的虚铺厚度应由设计和试验确定。

②根据工程量的大小，摊铺垫层的方法采用刮板法。在已摊铺好的垫层上，不得有任何扰动。

（3）路面石材的铺筑。

根据设计图纸，路面石材的铺筑应从路面石材基准点开始，并应以路面石材基准线为基准，按设计规定的图案进行铺筑。

铺筑路面石材时，不得站在砂垫层上作业，可在刚铺筑的路面石材上垫上一块大于 0.3 m^2 的木板，站在木板上铺筑。

路面石材铺筑到路边产生不大于 20 mm 的缝隙时，可适当调整路面石材之间的接缝宽度来弥补，不宜使用水泥砂浆填补。

（4）特殊部位的施工。

路面设施周围的施工应符合下列要求：检查井、污水井、雕塑等周围突出部位应予清除，并用基层材料修整至基层顶面标高；检查井等周围的路面石材、路边缘石材，均以现场切割收边，小于 1/2 板块的石材严格意义上不允许使用。

平面弯曲路面的施工可采用调整路面石材接缝宽度进行，其接缝宽度应符合下列要求：弯道外周路面石材的接缝宽度不应大于 6 mm，弯道内周路面石材的接缝宽度不应小于 2 mm，竖向弯曲路面的施工应将路面基层及垫砂层采用竖向曲线过度，其接缝宽度宜为 2～6 mm。

【业务经验】

园林道路工程的重点在于控制好施工面的高程，并注意与园林其他设施的有关高程的协调。在施工中，道路园路路基和路面基层的处理只要达到设计要求的牢固和稳定性即可，路面、面层的铺地，则要更加精细，更加强调质量方面的要求。

1. 施工准备

施工前，应组织有关人员熟悉设计文件，以便编制施工方案，为施工任务创造条件。道路园路建设工程设计文件，包括初步设计和施工图两部分，熟悉设计文件应注意的事项包括：

（1）要反复学习和领会设计文件的精神，了解设计者的设计意图与匠心所在，以便更好地指导施工。

（2）要注意设计文件中所采用的各项技术指标，认真考虑其技术经济的合理性和施工的可能性。

（3）在熟悉设计文件的过程中，如发现疑问、有误和不妥之处，要及时与设计、建设、监理等有关单位联系，共同研究解决。

2. 施工放线

在进行施工放线测量的过程中，应注意编制测量用表及中心交点（JD）及转角点（ZD）检桩记录示意图，也可采用网格法进行定位放线；放出路中心线桩，每隔一定距离钉木桩，钉好各中心木标桩之间的连线，再以路宽边线放线；最后进行复核检查，确定符合图纸要求无误后，方可进行下道工序的施工。

3. 砼的搅拌

在现场设置搅拌机进行砼的集中搅拌，搅拌投料的顺序：石子→砂→水泥→UEA膨胀剂→水。投料干拌 0.5～1 min 再加水。水分三次加入，加水后搅拌 1～2 min（比普通砼搅拌时间延长 0.5 min）。砼搅拌前必须严格按试验配合比操作，不得擅自修改。散装水泥、砂、石按车过磅，在雨季，砂、石必须每天测定含水率，调整用水量。现场搅拌落度控制在 6～8 cm。

4. 砼的运输

砼运输供应应保持连续均衡，间隔不应超过 1.5 h，砼运输后如出现离析，浇筑前进行两次拌和。

5. 砼的浇筑

园路修建过程中，浇筑砼需按设计规定留置伸缩缝，不得人为地任意留设施工缝。在浇筑砼时宜先低处后高处，避免出现冷缝。在浇筑砼时，采用机械进行振捣，以保证砼的密实，振捣时间一般以 10 s 为宜，不应漏振或过振，振捣延续时间应使砼表面浮浆，无气泡，不下沉为止。铺灰和振捣应选择对称位置开始，防止模板移动。常温下砼浇筑后 6～10 h 覆盖浇水养护，要保持砼表面湿润，养护时间不少于 14 d。

6. 露骨料饰面

砼露骨料主要采用刷洗的方法，在砼浇好后 2～6 h 就应进行处理，最迟不得超过浇好后的 16～18 h。刷洗工具一般采用硬毛刷子和钢丝刷子。刷洗应当从砼板块的周围开始，同时用充足的水把刷掉的泥沙洗去，把每一粒暴露出来的骨料表面都清洗干净。刷洗后 3～7 d，再用 10%的盐酸水洗一遍，使暴露的石子表面色泽更明净，最后还要用清水把残留盐酸完全冲洗掉。

7. 片块状材料的地面铺筑

（1）湿法铺筑（石材贴面、规则冰纹黄片石、青片石）。采用 30 mm 厚 1∶2.5 水泥砂浆垫在路面面层砼板上面作为结合层，然后在其上面铺砌石材板料。铺砌时需进行位置和标高的控制，确保板缝平整、结合紧密、板块之间标高一致，同时确保板块与砂浆之间结合紧密、无空鼓现象。板块之间的结合以及表面抹缝，同样采用相同的水泥砂浆。

（2）干法铺筑。采用 40 mm 厚的中粗砂层。铺筑时，先将中粗砂在砼面层上平铺一层，铺好抹平后，按设计的面砖块拼装图案。路面每拼装好一小段，就用平直的木板垫在顶面，以铁锤在多处振击，使所有砌块的顶面都保持在一个平面上，这样可使路面铺装十分平整。路面铺好后，再用干燥的细砂撒在路面上并扫入面砖缝隙中，使缝隙填满，最后将多余的细砂清扫干净。随着面砖下面的垫层材料慢慢硬化，面砖和下面的基层紧密地结合在一起。

8. 彩色水洗小砾石铺地

施工时，先铺一层砼基层，上面加一层 1 cm 厚的灰泥。灰泥层干后，再加一层水洗石子层。水洗石子层的水泥与石子配比是（1∶1）～（1∶1.5）。铺水洗石子层时，要边推边压，把石子压入水泥之中，并使表面平整。水洗石子铺地施工时特别要留意的是冲水量与水压的控制以及冲洗的时机。冲洗的时机要把握在涂上水洗石子层后，水泥略凝结而未凝固之时，用刷子或喷水器轻轻将表层石子间隙中的灰泥刷去或冲去，使大约半粒石子裸露出来。使用刷子或喷水器时要有耐心，用力不可太重，以免水泥流失太多；冲水量与水压都要适度，否则过多或过强的水压均会破坏效果。水洗石子地面除了用普通水泥外，尚可根据设计要求的颜色采用着色剂的水泥，使石子洗出来的格调更为特别。

9. 地面的镶嵌与拼花

施工前，要根据设计的图样，准备镶嵌地面用的砖石材料。设计有精细图形的，先要在细密质地青砖上放好大样，再精心雕刻，做好雕刻花砖，施工中嵌入铺地图案中。要精心挑选铺地用的石子，挑选出的石子应按照不同颜色、不同大小、不同形状分别堆放，铺地拼花时才能方便使用。施工时，先要在已做好的道路基层上铺砌一层结合材料，厚度一般可为 4～7 cm，根据设计要求采用干法铺筑或湿法铺筑。在铺平的松软垫层上，按照预定的图样开始镶嵌拼花，或者拼成不同颜色的色块，以填充图形大面。定形后的铺地地面，仍要用水泥干砂或石灰砂撒布其上，并扫入砖石缝隙中填实。最后，用水冲洗。完成后，养护 7～10 d。

【工作任务实施记录与评价】

1. 面层施工放线精准度评价

师傅指导记录	平面放线质量评价	评价成绩
（测量仪器使用）		
（精准度）		年　月　日

2. 面层铺贴施工评价

师傅指导记录	质量评价	评价成绩
		年　月　日

3. 学徒关键职业能力及职业品质、工匠精神评价

项目	A	B	C	D
工作态度				
吃苦耐劳				
团队协作				
沟通交流				
学习钻研				
认真负责				
诚实守信				

任务 3.5　道牙施工

【任务目标与质量要求】

掌握道牙施工工序及技术要点。

【学习产出目标】

在师傅的指导下能够完成道牙的铺设。

【工作程序与方法要求】

工序	内容	要求
●砂浆调制运输	将按一定配合比拌和好的砂浆运至现场工地上。	要求：(1) 道牙的结合层常用 M5 水泥砂浆。(2) 道牙接口处以 M10 水泥砂浆勾缝。
●砌道牙	道牙基础宜与路床同时填挖碾压，以保证密度均匀，具有整体性。弯道处的道牙最好事先预制成弧形，道牙的结合层常用 2 cm 厚 M5 水泥砂浆，应安装平稳牢固，道牙间缝隙为 1 cm，用 M10 水泥砂浆勾缝。	要求：(1) 安装平稳牢固。(2) 道牙间隙设置为 1 cm。

●回填	把挖起来的土重新填回去。	要求：道牙背后路肩用灰土夯实，其宽度为 50 cm、厚度为 15 cm，也可用自然土夯实代替。
●勾缝	道牙接口处以 M10 水泥砂浆勾缝，凹缝深 5 mm，道牙背后以 1∶2 的灰土夯实。	要求：道牙间缝隙为 1 cm，用 M10 水泥砂浆勾缝。

【业务知识】

路牙铺装在道路的边缘，起保护路面的作用，有用石材凿打成正方形或长条形的，有按设计用混凝土预制的，也可直接使用砖。

1. 施工程序

道牙工程全过程包括挖槽沟、铺设灰土基础、砂浆调制运输、砌道牙、回填、勾缝等。

（1）槽沟的挖土深度，均按自然地坪平均标高与槽沟底面平均标高之差计算。自然地坪标高是指工程开挖前施工场地的原有地坪。

（2）灰土基础是用消石灰和黏土（或粉质黏土、粉土）的拌和料铺设而成，应铺在不受地下水浸湿的基土上，其厚度一般不小于 100 mm。

（3）砂浆调制运输是将按一定配合比拌和好的砂浆运至现场工地上。

（4）砌路牙应根据路牙石平面位置和顶面标高，放样依次排砌。

（5）回填是指把挖起来的土重新填回去。

（6）勾缝是指用勾缝器将水泥砂浆填塞于砖墙灰缝之内。

2. 混凝土块道牙

混凝土块道牙是按设计用混凝土预制的长条形砌块铺装在道路边缘，起保护路面的作用。常见的混凝土道牙的规格见表 3-4。

3. 园路附属工程

附属工程主要指雨水口及排水明沟的施工。对于先期的雨水口，园路施工（尤其是机具压实或车辆通行）时应注意保护。若有破坏，应及时修筑。一般，雨水口进水篦子的上表面低于周围路面 2～5 cm。

土质明沟按设计挖好后，应对沟底及边坡适当夯压。

砖（或块石）砌明沟，按设计将沟槽挖好后，充分夯实。通常以 MU7.5 砖（或 80～100 mm 厚块石）用 M2.5 水泥砂浆砌筑，砂浆应饱满，表面平整、光洁。

表 3-4　常见的混凝土道牙的规格

<table>
<tr><th>类型</th><th colspan="2">长/cm×高/cm×厚/cm</th><th>水泥混凝土标号/（kg/cm^2）</th><th>用途</th></tr>
<tr><td rowspan="4">直道牙</td><td colspan="2">50×30×8（上端）
50×30×10（下端）</td><td>300</td><td>立道牙</td></tr>
<tr><td colspan="2">50×30×10（上端）
50×30×12（下端）</td><td>300</td><td>立道牙</td></tr>
<tr><td colspan="2">50×30×12（下端）</td><td>250</td><td>平道牙</td></tr>
<tr><td colspan="2">50×30×10（下端）</td><td>250</td><td>平道牙</td></tr>
<tr><td>弯道牙</td><td>半径＝3 m；半径＝6 m；半径＝15 m</td><td>断面要求与直道牙相适合</td><td>300</td><td>用于半径 2～4 m；用于半径 5～8 m；用于半径 9～22 m</td></tr>
</table>

【业务经验】

（1）确认道牙的规格，要求边角无破损、外观尺寸误差不大于 5 mm。

（2）道牙结合层砂浆要坐浆饱满，铺设时砂浆做拉毛处理。

【工作任务实施记录与评价】

1. 挖沟槽施工记录评价单

师傅指导记录	质量评价	评价成绩
		年　月　日

2. 灰土基础施工记录评价单

师傅指导记录	质量评价	评价成绩
		年　月　日

3. 砌道牙施工记录评价单

师傅指导记录	质量评价	评价成绩
		年 月 日

4. 学徒关键职业能力及职业品质、工匠精神评价

项目	A	B	C	D
工作态度				
吃苦耐劳				
团队协作				
沟通交流				
学习钻研				
认真负责				
诚实守信				

任务 4
掌握广场施工技术

一、 广场铺地结构

（一） 广场铺地基本剖面结构

广场铺地剖面结构如图 3-43 所示。

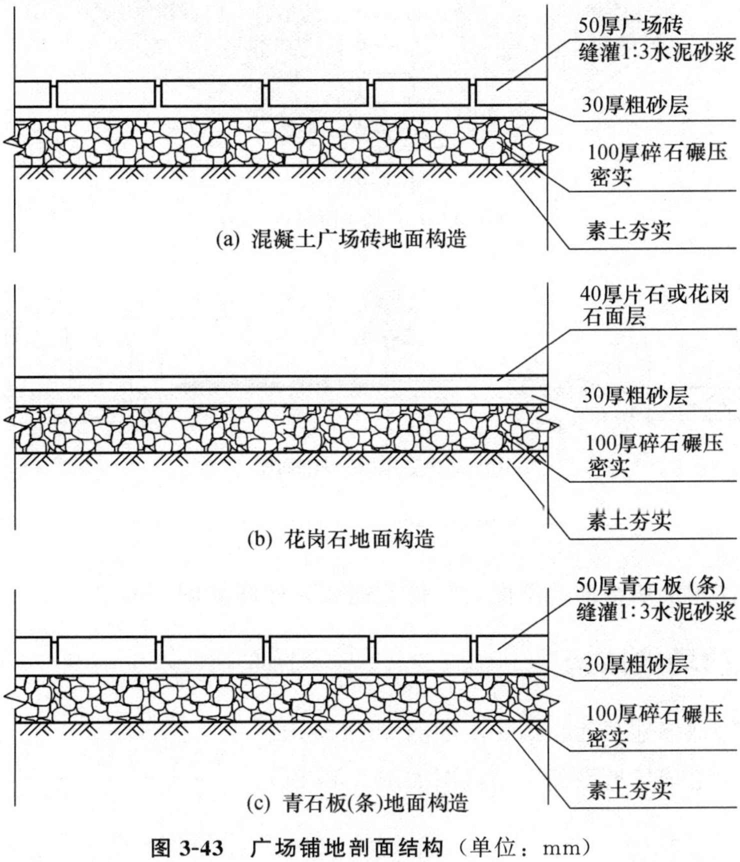

图 3-43 广场铺地剖面结构（单位：mm）

（二） 广场结构实例

例一　某中心广场平面、剖面、结构及铺装大样图如图 3-44 至图 3-46 所示。

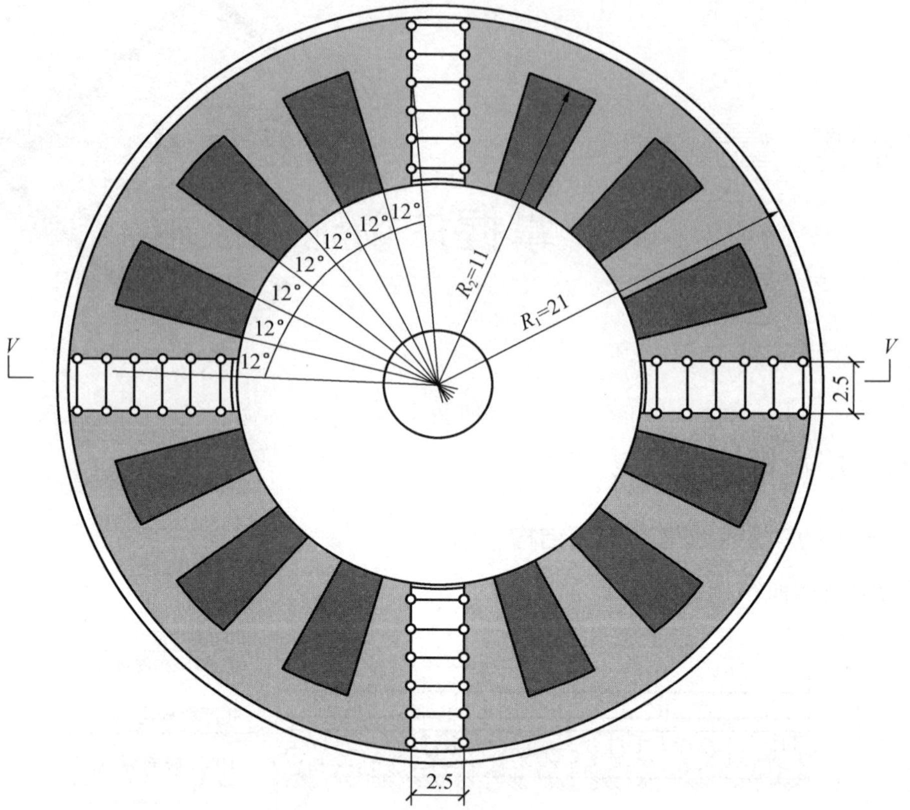

(a) 某中心广场平面图 (1∶150)

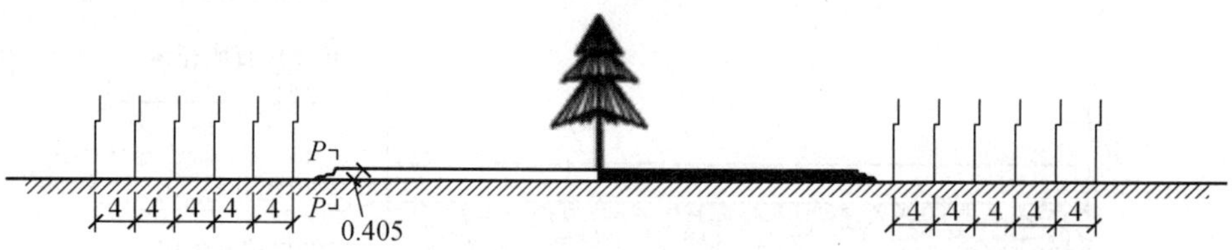

(b) 某中心广场V-V剖面图

图 3-44　某中心广场平、剖面图（单位：mm）

例二　某休闲广场平面、剖面、结构及铺装大样图如图 3-47 所示。

二、 运动场地结构

例一　某篮球场地平面、结构图如图 3-48 所示。

例二　某羽毛球场地平面、结构图如图 3-49 所示。

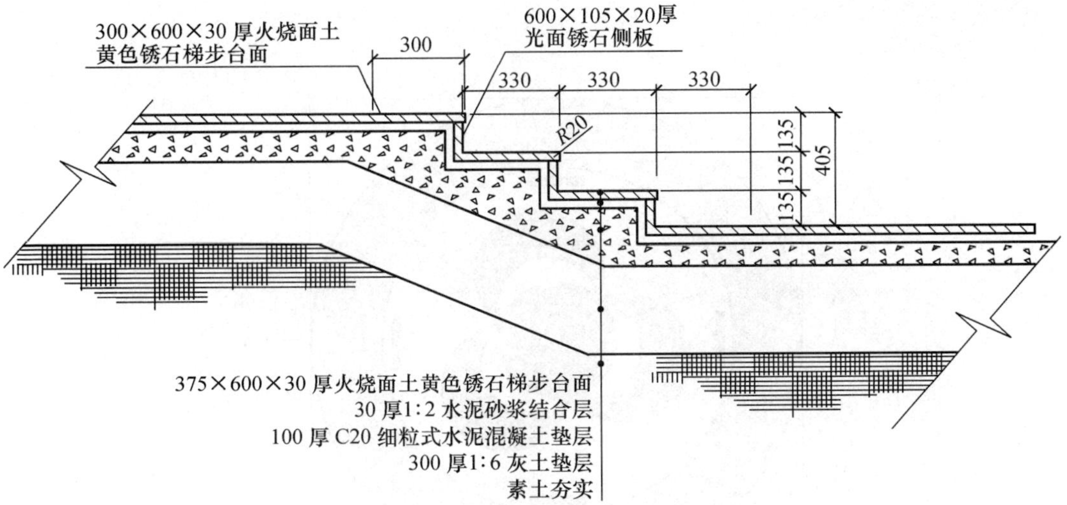

图 3-45　某中心广场梯步 ***P-P*** 剖面图（单位：mm）

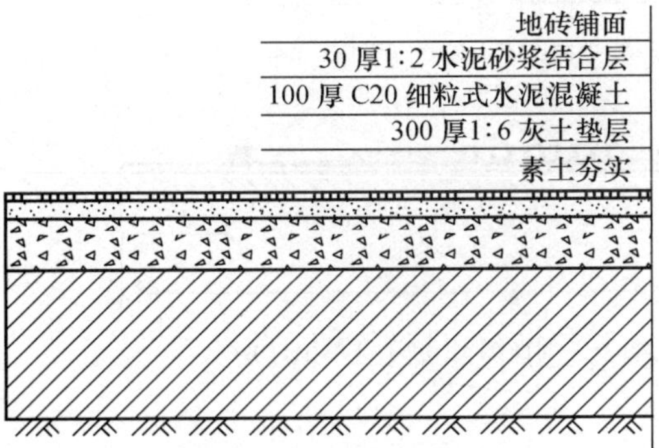

(a) 某中心广场结构图

注：结构层采用轻型标准，土基压实度≥95%。

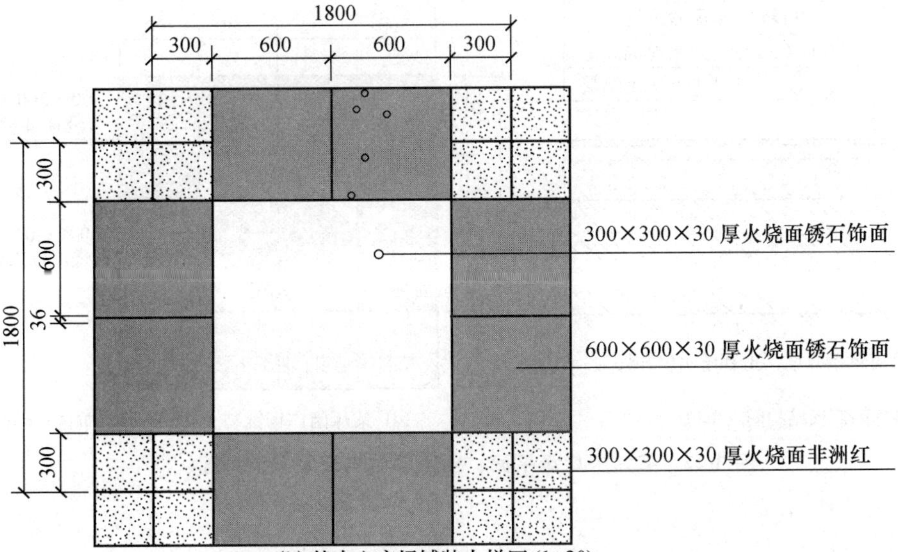

(b) 某中心广场铺装大样图 (1∶20)

图 3-46　某中心广场结构及铺装大样图（单位：mm）

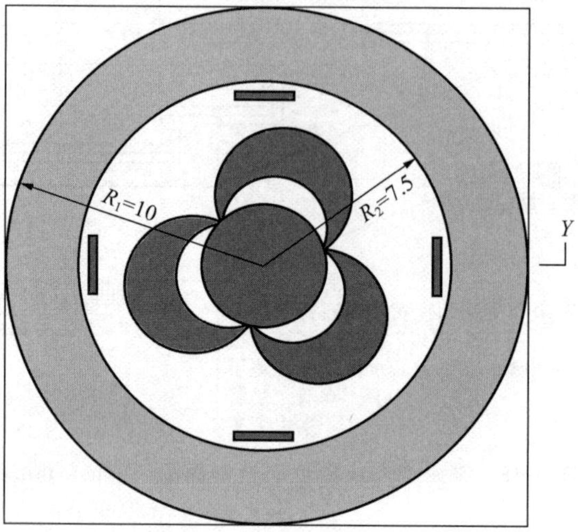

(a) 某休闲广场平面图 (1∶200) (单位：m)

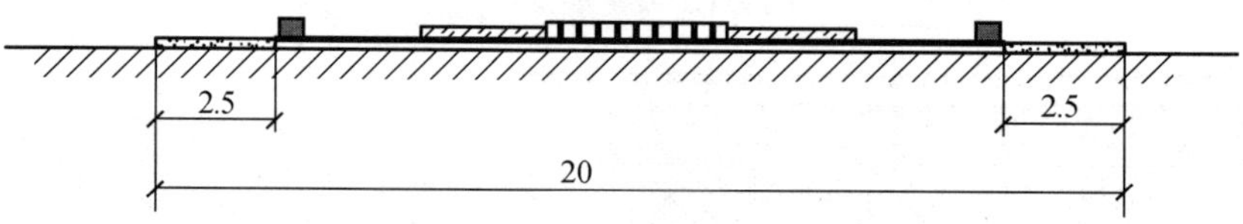

(b) 某休闲广场 *Y-Y* 剖面图 (1:200) (单位：m)

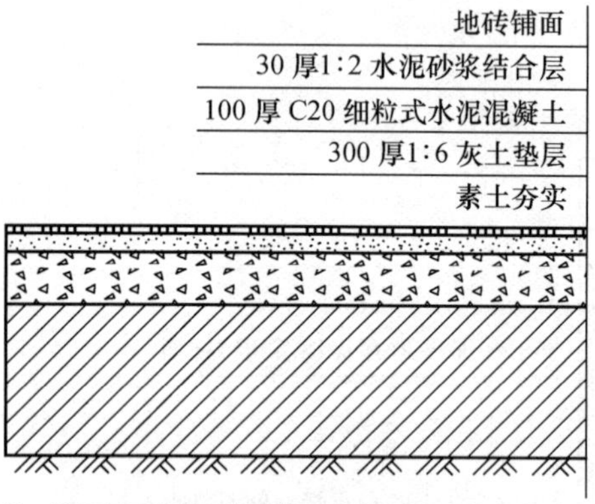

注:结构层采用轻型标准，土基压实度≥95%。

(c)某休闲广场结构图 (单位：mm)

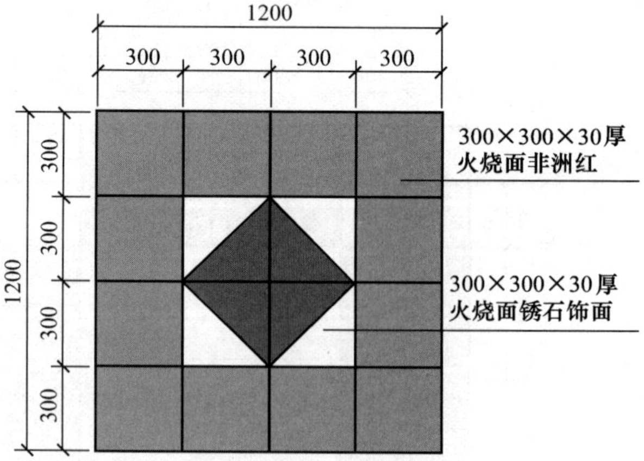

(d) 某休闲广场铺装大样 (1∶20) (单位：mm)

图 3-47 某休闲广场平面、剖面、结构及铺装大样图

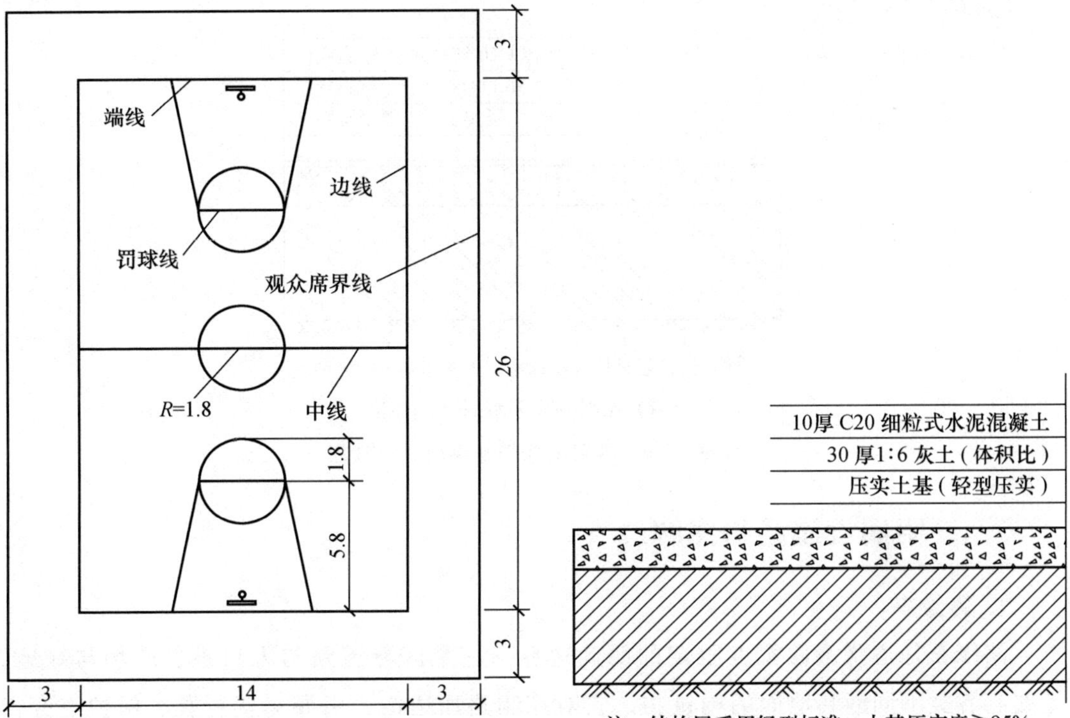

注：结构层采用轻型标准，土基压实度≥95%。

(a)某篮球场地平面图（单位：m）　　(b) 某篮球场地结构图（单位：cm）

图 3-48　某篮球场地平面、结构图

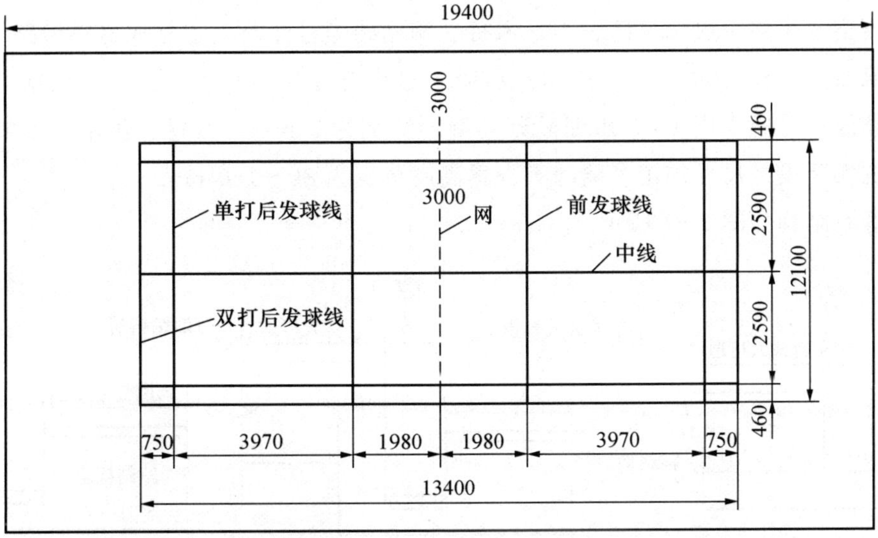

注：(1) 界线宽 38 mm，刷红涂料。
(2) 场地尺寸以界线外缘为准。
(3) 场地四周净距等于 3 m。

(a) 某羽毛球场地平面图（单位：mm）

图 3-49

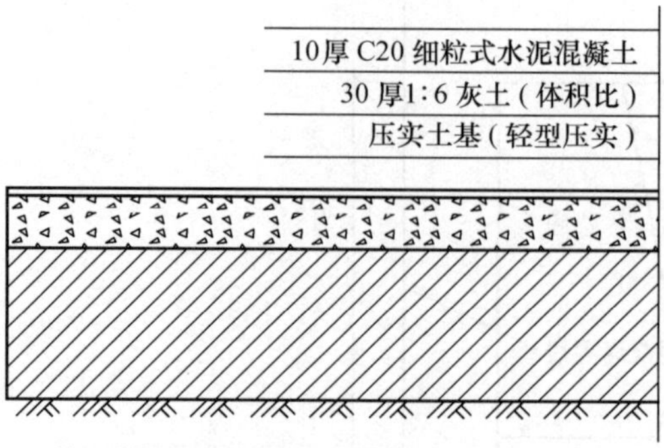

注：结构层采用轻型标准，土基压实度≥95%。

(b) 某羽毛球场地结构图 (单位：cm)

续图 3-49 某羽毛球场地平面、结构图

三、 附属设施结构图解

1. 路缘石

路缘石是道路截面宽度限定的明确边界，它是区分道路与人行道、广场与绿地、道路与各类不同铺装地面的构筑物。它对控制路面边沟、引导车辆行驶、保护道旁行人的安全、阻拦车辆侵入人行道与绿地、保护植物、防止路旁水土流失等有重要作用。

路缘石的构成材料：可做路缘石的材料较多，也可按道路的不同功能性质选择不同质地的材料做路缘石。车行道一般选择预制混凝土块、花岗石、青石等质地坚固的材料，便道及小路一般选择砖、石、木桩、陶制砖等自然及人工合成材料做路缘石。

路缘石安装模式如图 3-50 所示。混凝土路缘石标号为 C30，长度可根据实际需要确定；路缘石之间采用 1∶3 水泥砂浆勾缝，缝宽为 5 mm。石材、仿木及木桩路缘石需要根据实际设计尺寸加工。路缘石外露高度范围为 80～150 mm。

路缘石结构如图 3-51 所示。

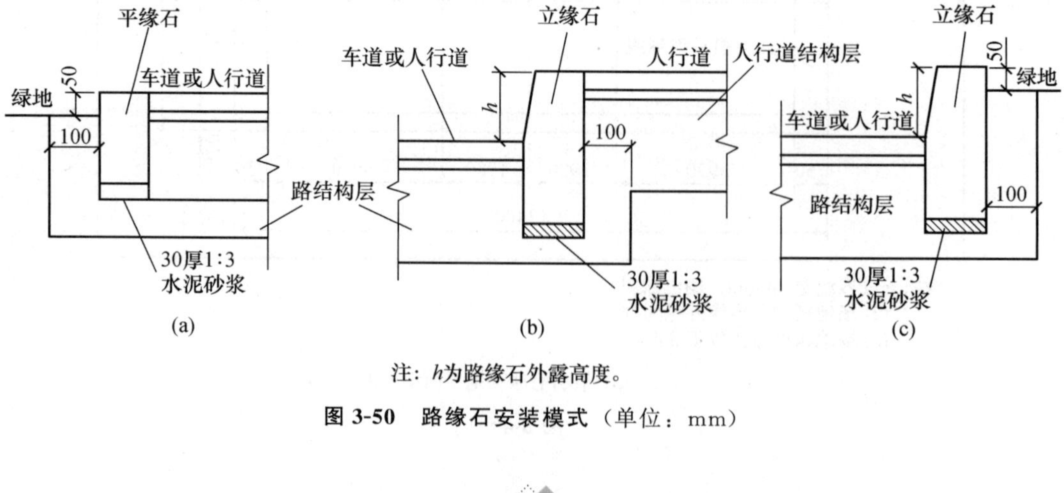

注：h为路缘石外露高度。

图 3-50 路缘石安装模式（单位：mm）

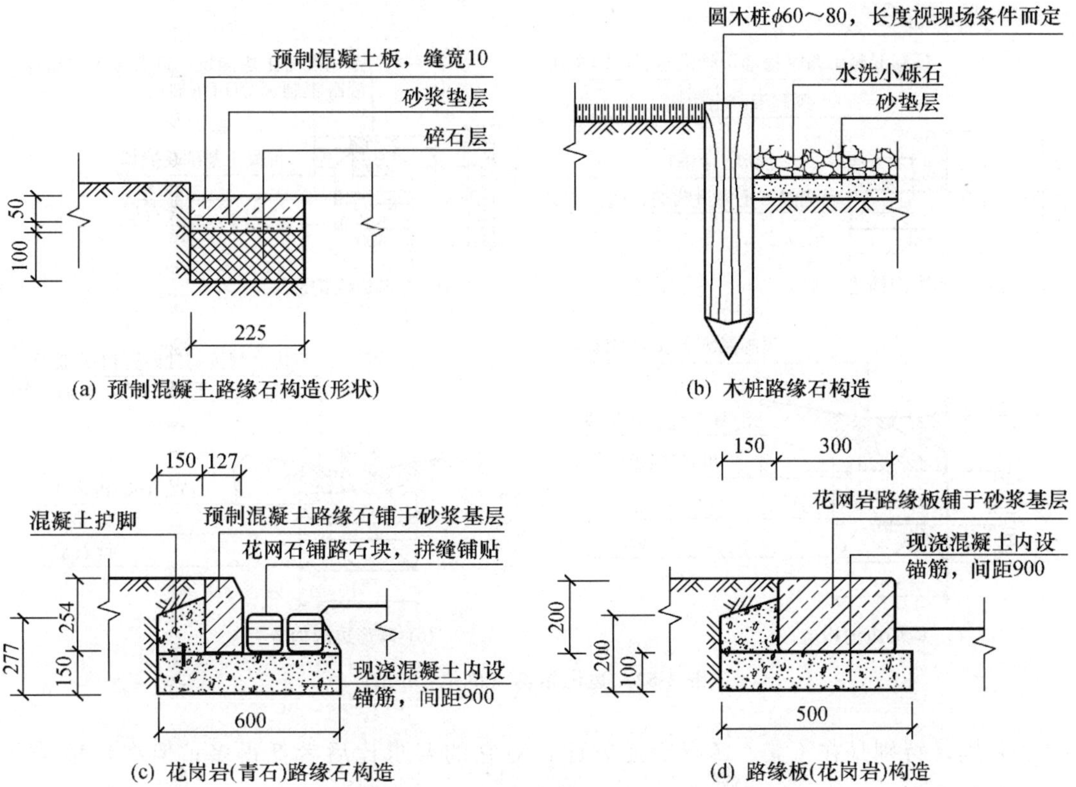

(a) 预制混凝土路缘石构造(形状)　(b) 木桩路缘石构造

(c) 花岗岩(青石)路缘石构造　(d) 路缘板(花岗岩)构造

图 3-51　路缘石结构（单位：mm）

2. 边沟

边沟就是设置在建筑之间的场地上或道路两旁，用于排水的沟。边沟的类型有多种，有 L 形、U 形、碟形、缝形及街渠等。各类型边沟结构如图 3-52 所示。制作边沟的材料一般为预制混凝土，或者是采用嵌砌砖、小砾石，也可以采用石材，但造价较高。边沟的设计要注意以下几点：

(1) 要根据地面道路的排水坡度和排放的容量，以及道路的宽窄和场地面积确定边沟设置的类型和边沟的尺度。

(2) 在户外环境人流量较大的出入口、商业步行街道、广场等地，应选择设置有格栅箅的 U 形沟，或者是选择隐蔽性的缝形边沟，减小对景观的影响。

(3) 车行道路面上设置的 U 形边沟，要选择能够承受通行车辆荷载的、较为坚固的边沟沟箅。为了避免车辆通行时产生噪声，最好采用螺栓固定的沟箅。

四、 园景广场相关知识

园景广场是公园和风景区的一个重要建设项目，它一般都被布置于园林内的适中区域或园林出入口的内外。从建设内容来讲，园景广场与一般的城市中心广场存在一

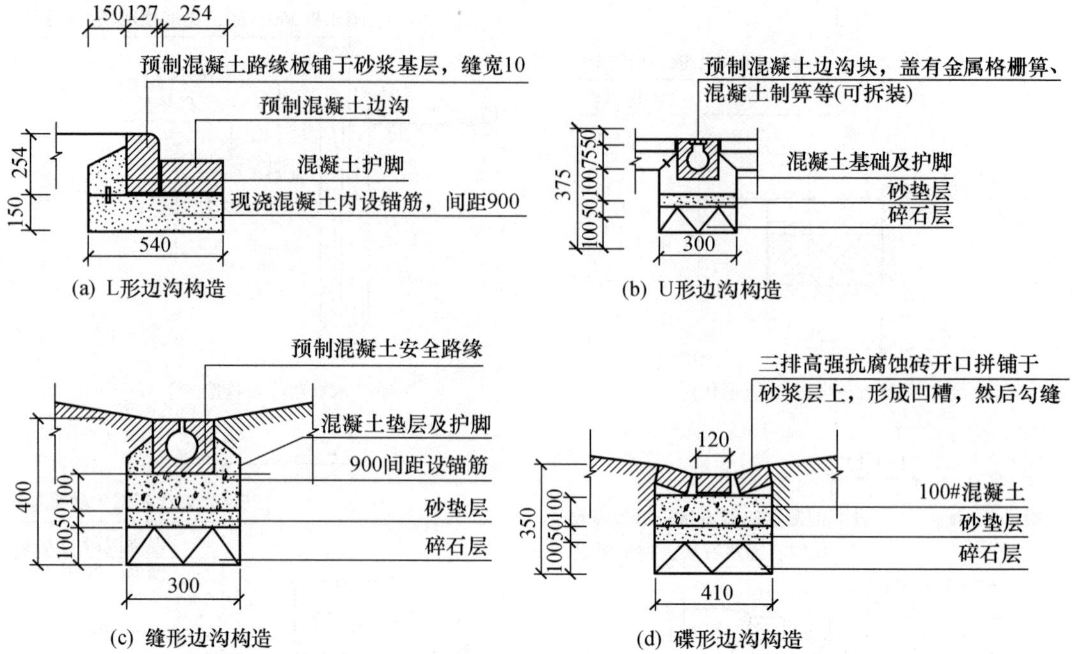

图 3-52　边沟结构（单位：mm）

定的差别，特别是在汇集、疏导交通方面，对它的要求比后者低得多；但在环境美化与园林景观方面，对它的要求却要比后者高一些。园景广场既可以纪念性广场、集会性广场形式布置于园林中，也可以休息性的花园广场、音乐广场形式进行建造。

（一）园景广场概况

园景广场有封闭式的，也有开放式的，其平面形状多为规则的几何形，通常以长方形为主。长方形广场较易与周围地形及建筑物相协调，所以被广泛采用。从空间艺术上的要求来看，广场的长度不应大于其宽度的3倍；长宽比在4∶3、3∶2或2∶1之间时，艺术效果比较好。圆形、椭圆形或方圆组合形广场占用地面更大一些，用地不是很经济，在用地宽松的情况下，采用这些形状也很常见。椭圆形广场纵、横轴的长度比例不宜超过2∶1。此外，梯形、三角形等几何形，在广场平面形状中也偶有所见。面积较小的园景小广场，还可以采用自然形或不规则的几何形等，其形状设计更要自由些。正方形广场的空间方向性不强，空间形象变化少一点，因此不常被采用。常见园景广场平面形式如图 3-53 所示。

1. 广场面积

一般城市中心广场的用地面积都在1.5～10 hm^2，中小城市的中心广场面积多在5 hm^2 以下。园林广场的面积应当比城市中心广场小一些，在0.5～5 hm^2 都可以。但面积的大小主要应根据园林用地情况、广场功能的需要和园景建设的需要来确定。用地宽裕的，广场面积可大一些；用地不足的，广场就应小一些或者不设广场。交通性、

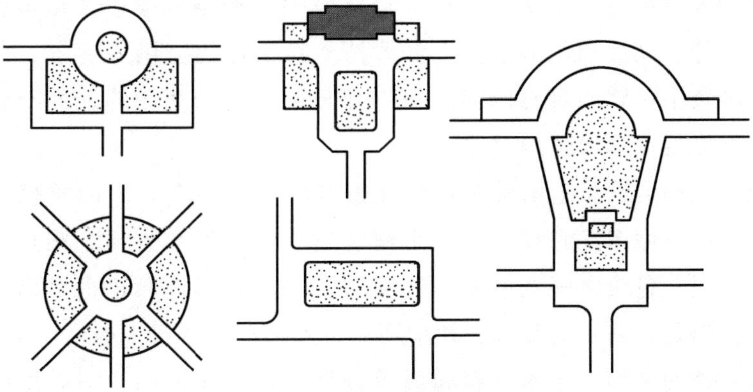

图 3-53　常见园景广场平面形式

集会性强的，广场面积应比较大；以草坪、花坛为景观主体的，面积也要大一些。而单纯的园景广场、休息广场、音乐广场等，面积就可以稍小一些。广场上各功能分区的用地面积，要根据实际需要合理分配。例如，担负着节假日文艺活动和集会功能的园景广场，其人群活动所需面积可按 0.5 m^2/人来计算，广场大部分面积都要做成铺装地面。以主题纪念为主的广场，其路面铺装和纪念设施占用地面应在广场总面积的40%以上。以景观、绿化为主的休息广场，如花园式广场、音乐广场等，其绿化面积则应占60%以上的用地。而公园出入口内外的门景广场，由于人、车集散，交通性较强，绿化用地就不能有很多，一般都在10%～30%，其路面铺装面积则常达到70%以上。

2. 广场功能分区

与城市中心广场相比，园景广场周边接入道路不多，路口较少，所以其平面形状一般都比较完整。此外，园景广场的交通性不是很强，因而在功能布置和园景设计中就相对比较方便。设计广场时，一般先要把广场的纵轴线、主要横轴线和广场中心确定下来。利用轴线的自然划分，把广场分成几个具有相似或对称形状的区域，然后根据路口分布和周围环境情况赋予各区不同的功能，使其成为在景观上协调统一、在功能上互有区别的各个功能区，例如休息（桌椅）区、游览散步区、雕塑区以及音乐广场的演奏区、听众区等。纵、横轴线沿线地带一般布置广场主要景观设施，可以作为单独的功能区。

3. 地面装饰

园景广场的铺装地面面积较大，在广场设计中占有重要的地位。地面除了常用整体现浇的混凝土铺装之外，还常用各种抹面、贴面、镶嵌及砌块铺装方法进行装饰美化。各种路面铺装形式一般都可以在广场地面铺装中采用。

（1）图案式地面装饰。用不同颜色、不同质感的材料和铺装方式，在广场地面做出简洁的图案和纹样。图案纹样应规则对称，在不断重复的图形线条排列中创造生动的韵律和节奏。采用图案式手法铺装时，应注意图案线条的颜色要偏淡偏素，不应浓艳。除了黑色以外，其他颜色不建议太深太浓。对比色的应用要适度，色彩对比不应太强烈。地面铺装中，路面质感的对比可以比较强烈，如磨光的地面与露骨料的粗糙路面就可以相互靠近，形成强烈对比。

（2）色块式地面装饰。地面铺装材料可选用3～5种颜色，表面质感也可以有2～3种表现；广场地面不做图案和纹样，而是铺装成大小不等的方形、圆形、三角形及其他形状的颜色块面。色块之间的颜色对比可以强一些，所选颜色也可以比图案式地面更加浓艳一些。但是，路面的基调色块应明确，在面积、数量上应占主导地位。

（3）线条式地面装饰。地面色彩和质感处理，是在浅色调、细质感的大面积底色基面上，以一些主导性的、特征性的线条造型为主进行装饰。这些造型线条的颜色比底色深，且更鲜艳一些，质地也常常比基面粗，是地面上比较容易引人注意的视觉对象。线条的造型有直线、折线形，也有放射状、旋转形、流线形，还有长短线组合、曲直线穿插、排线宽窄渐变等富于韵律变化的生动形象。

（4）阶台式地面装饰。将广场局部地面做成不同材料质地、不同形状、不同高差的宽台形或宽阶形，使地面具有一定的竖向变化，又使某些局部地面从周围地面中独立出来，在广场上创造出一种特殊的地面空间。例如，在广场上的雕塑位点周围，设置具有一定宽度的凸台形地面，就能够为雕塑提供一个独立的空间，从而可以很好地突出雕塑作品。又如，在座椅区、花坛区、音乐广场的演奏区等地方，通过设置凸台式地面来划分广场地面，突出个性空间，还可以很好地强化局部地面的功能特点；将广场水景池周围地面设计为几级下行的阶梯，使水池成为下沉式的，水面更低，观赏效果将会更好。总之，宽阔的广场地面中如果有一些竖向变化，广场地面的景观效果会有较大的提高。

（二） 停车场相关知识

随着城市交通的不断发展，游览公园和风景区需要停泊车辆的情况也会越来越多，在城市中心广场及机关单位的绿化庭院中，有时也需要设置停车场、回车场等场地。这类场地铺装地面的修筑，也是园林场地的重要内容之一。

1. 停车场要求

停车场的位置，一般设在园林大门以外，尽量布置在大门的同一侧。大门对面有足够面积时，停车场可酌情安排在对面。少数特殊情况下，大门以内也可划出一片地面作停车场。在机关单位内部没有足够土地用作停车场时，也可扩宽一些庭院路面，利用路边扩宽区域作为小型的停车场。濒临城市主干道的园林停车场，应尽可能地离街道交叉口远些，以免造成交叉口处的交通混乱。停车场出入口与公园大门原则上都要分开设置。停车场出入口不宜太宽，一般设计为7～10 m。

园林停车场在空间关系上应与公园、风景区内部空间相互隔离，应尽量减少对园林内部环境的不利影响。因此，一般都应在停车场周围设置高围墙或隔离绿带。停车场内设施应简单，应保证车辆来往和停放通畅无阻。

停车场内车辆的通行路线及倒车、回车路线应合理安排。车辆采用单方向行驶，应尽可能避免出入口处出场车辆向左转弯。对车辆的行进和停放，应设置明确的标识加以指引。地面可绘上不同颜色的线条来指示通道、划分车位和表明停车区段。不同大小的车型最好能划分区域，按类停放，如分为大型车区、中型车区和小型微型车区等。

根据不同的园林环境和停车需要，停车场地面可以采用不同的铺装形式。城市广场、公园、机关单位的停车场一般采用水泥混凝土整体现浇铺装，也常采用预制混凝土砌块铺装或混凝土砌块嵌草铺装，其铺装等级可略高一些，场地应更加注意美观整洁。风景名胜区的停车场则可视具体条件，以采用沥青混凝土和泥结碎石铺装为主，如果条件许可，也可采用水泥混凝土或预制砌块来铺装地面。为保证场地地面结构的稳定，地面基层的设计厚度和强度都应适当增加。为了地面防滑的需要，场地地面纵坡在平原地区不应大于0.5%，在山区、丘陵区不应大于0.8%。从排水通畅方面考虑，地面也要有不小于0.2%的排水坡度。

2. 车辆的停放方式

停车方式对停车场的车辆停放量和用地面积都有影响，车辆沿着停车场中心线、边线或道路边线停放时，主要有三种停放方式。

(1) 平行停车。停车方向与场地边线或道路中心线平行。采用这种停车方式的每一列汽车，所占的地面宽度最小，因此，这是适宜路边停车场的一种方式。但是，为了车辆队列后面的车能够驶离，前后两车间的净距要求较大，因而在一定长度的停车道上，这种方式所能停放的车辆数比用其他方式少1/2～2/3。

(2) 斜角停车。停车方向与场地边线或道路边线成45°时采用斜角停车方式，车辆的停放和驶离都最为方便。这种方式适宜停车时间较短、车辆随来随走的临时性停车道。由于占用地面较多，用地不经济，车辆停放量也不多，混合车种停放也不整齐，这种停车方式一般应用较少。

(3) 垂直停车。车辆垂直于场地边线或道路中心线停放，每一列汽车所占地面较宽，可达9～12 m，并且车辆进出停车位均需倒车一次。但在这种停车方式下，车辆排列密集，用地紧凑，所停放的车辆数也最多，因此一般的停车场和宽阔停车道都采用这种方式停车。

3. 停车场面积的计算

停车场所需面积大小与车辆停放数、车型类别、停车方式及通行道的几何尺寸有关。根据园林规划所确定的停车数量，再分别计算出不同车型的单位停车面积，就可最后算出停车场的总面积。或者根据已知的停车场总面积，也可以推算出所能停放的车辆数。

根据实测分析，停车场中的小型、微型车每辆占地 25～30 m^2。如果把停车场绿化、出入口连接通道、附属管理设施用地计算在内，则小型、微型车每辆占地 30～50 m^2，中型车每辆占地 50～70 m^2，大型车每辆占地 70～100 m^2。因此，100 辆车小型车的停车面积为 0.3～0.5 hm^2，100 辆中型车为 0.5～0.7 hm^2，100 辆大型车为 0.7～1.0 hm^2。在城市公园和机关单位的停车场应取偏低值，在风景区停车场可取较高值。

4. 回车场

在风景名胜区、城市公共园林、机关单位绿地和居住区绿地中，当道路为尽端式时，为方便汽车进退、转弯和调头，需要在该道路的端头或接近端头处设置回车场。如果道路尽端是路口或是建筑物，那就最好利用路口或利用建筑前面预留场地加以扩宽，兼作回车场用。如是断头道路，则要单独设置回车场。回车场的用地面积一般不小于 12 m×12 m，因回车路线和回车方式不同，回车场的最小用地面积也会有一些差别。

5. 自行车停车场

城市公共园林的自行车停车场一般设置在露地；工厂、机关单位和居住小区的自行车停车场则多数要加盖雨棚。自行车单车占地面积较小，因此，其停车场的设置就比较灵活，对场地的形状、面积大小要求不高，完全可以利用一些边角地带来布置。

包括进出存车、取车的通道面积在内，每辆自行车的平均占地面积可按 1.4～1.8 m^2 计算。目前，自行车停车场多是自行车与摩托车混合停放，并且许多自行车的车把前部都装有购物篮筐，在计算单位停车面积时应该取较大值。

五、 运动场地相关知识

运动场应设置在地势平坦、空气新鲜、日光充足的地方，四周栽植庇荫树。在适当的地方，需有座椅、看台等设备。大规模的运动场，应有管理室、医务室、休息室、更衣室、厕所、浴室及主席台的设置。运动场设施的设计、施工、管理均应简单方便，配置各项目的规模、空间大小及设施连接方法均应考虑。

（1）篮球场。篮球场地一般为长 28 m、宽 15 m 的长方形，其上方 7 m 以内的空间不应有任何障碍物，场地四周的线外应有 2～3 m 宽的无障碍区，以免影响球的运行或出现伤害事故。篮球架可由金属、木质或其他适宜的材料制成。为保证篮球架符合规则的要求，并具有安全性，建议购买正规厂家生产的篮球架。土质、水泥、沥青、塑胶和木质地面均可，要求平整、坚实。

（2）羽毛球场。羽毛球场地一般为长 13.40 m，宽分别为 5.18 m（单打）和 6.10 m（双打）的长方形。球场四周 2 m 以内、上空 9 m 以内不应有任何障碍物，以免影响球的飞行和出现危险。场地可采用木质、塑胶、水泥、黏土等材料，要求平整、坚实，以保证安全。网高 1.55 m。

（3）排球场。排球场地一般为长 18 m、宽 9 m 的长方形。端线外至少有 8 m、边线外至少有 3 m 的无障碍区。地面以上至少有 12.5 m 高的无障碍空间，从而保证球的运行以及避免出现伤害事故。排球场中间有一张球网，网柱应为两根光滑圆柱，一般由金属或木材等材料制成。网柱固定在边线中点外 0.5～1 m 的地方，禁止使用拉链固定网柱，以免发生危险。为保证器材符合规则的要求，并具有安全性，建议购买正规厂家生产的产品。土质、木质或合成物质的地面均可，但必须呈水平面，不能有明显的粗糙或湿滑的现象存在。

（4）沙滩排球场。沙滩排球场地一般为长 18 m、宽 9 m 的长方形。场地边线和端线外应至少有 5 m 的无障碍区。场地的地面必须是水平的沙滩，尽可能平坦，不能有石块、壳类及其他可能造成运动员损伤的杂物，细沙的深度应至少有 30 cm。

（5）小足球场。小足球场地一般为长 60～70 m、宽 40～50 m 的长方形，场地周围应有 5～6 m 的无障碍区，以免发生危险。足球场两端各设一球门，为确保安全，无论是可移动球门还是不可移动球门，使用时都必须牢牢地固定在场地的球门线上。比赛场地有天然草坪、人造草坪、土质场地等。土质场地要求平整，土质软硬要适度，并要保持一定的潮湿度；场地上不应有明显的沙粒、土块、小石块及玻璃片等物。球门宽 5.5 m，高 2 m。

（6）门球场。门球场地一般为长 25 m（或 20 m）、宽 26 m（或 15 m）的长方形。四周内连线称界线，也称比赛线，外连线称限制线。场地四周应有离界线至少 1 m 的无障碍区。场地的地面有略带沙质的土场、天然草坪和人造草坪几种，地面应平坦和水平。球门和立柱一般用金属材料制成，应牢固地钉入地下。

任务 4.1　施工准备

【任务目标与质量要求】

（1）掌握施工准备内容。

（2）掌握场地放线的方法，能够使用测量仪器进行场地放线。

（3）会进行地形复测。

【学习产出目标】

在师傅的指导下能够完成广场施工准备阶段的相关工作。

【工作程序与方法要求】

●材料准备	准备施工机具、路面基层和面层的铺装材料以及施工中需要的其他材料，清理施工现场。	要求：对铺装广场的实际尺寸进行放样，确定边角的方案及广场与园路交接处的过渡方案，然后再确定各种材料的数量。在进料时要把好材料的规格尺寸、机械强度和色泽一致的质量关。
●场地放线	按照广场设计图所绘施工坐标方格网，将所有坐标点测设到场地上，并打桩定点。然后以坐标桩点为准，根据广场设计图，在场地地面上放出场地的边线、主要地面设施的范围线，以及挖方区、填方区之间的零点线。	要求：认真仔细，按图施工，熟练使用测量仪器。
●地形复核	对照广场竖向设计图，复核场地地形。各坐标点、控制点的自然地坪标高数据有缺漏的，要在现场测量补上。	要求：认真仔细，保证没有漏项。

【业务知识】

(1) 技术交底：进行施工图交底，认真阅读施工图，对照施工技术规范及质验标准，制订相应技术措施，检查落实班组的施工准备情况，做到施工质量、进度的事前控制。然后将施工技术方案报请监理工程师审批方可施工。

(2) 材料准备：园林铺地工程中，由于形状变化多，需事先对铺装广场的实际尺寸进行放样，确定边角的方案及广场与园路交接处的过渡方案，然后再确定各种材料的数量。在进料时要把好材料的规格尺寸、机械强度和色泽一致的质量关。

【业务经验】

园林景观中的广场场地特点是小型构造物分布零散，又与周围地面铺装和绿化等工程紧密相连。构造物基础标高都不同。所以施工过程中的重点和难点是坐标位置和标高的控制。将施工人员多年的经验总结如下：

(1) 坐标位置控制：进行场区平面控制网测设。

测设的原则：①平面控制应先从整体考虑，遵循先整体后局部，高精度控制低精度的原则；②布设总控制网要根据设计总平面图和施工现场平面布置图；③选点应选在通视条件良好、安全、易保护的地方；④桩位用混凝土保护，需要时用钢管进行围护，并用红油漆做好测量标记。

场区平面控制网的布设和复测：首先根据总平面图，用全站仪从高级起算点开始，在广场内纵横两边线附近布设一条“十”字形导线；然后采用极坐标法在另外两条边线附近定出两条“十”字线，合成一矩形，作为主场区首级平面控制网；最后由首级平面控制网推出各构筑物具体平面控制网。

（2）高程控制：建立场区高程控制网。①根据甲方提供的基准点，用水准仪进行复测检查，校测合格后，测设一条闭合水准路线，联测场区平面控制点，以此作为保证施工竖向精度控制的首要条件。②高程控制网的精度，采用三等水准精度。③在布设水准闭合路线前，结合场区情况，在场区与甲方提供的基准点间，埋设半永久性高程点，作为以后沉降观测的基准点。④场区内至少应有三个水准点，水准点间距应小于 1 km。根据这几个水准点再引测其他施工点和细部的标高。

【工作任务实施记录与评价】

1. 平面放线精准度

师傅指导记录	平面放线质量评价	评价成绩
（测量仪器使用）		
（精准度）		年　月　日

2. 高程放线

师傅指导记录	高程放线质量评价	评价成绩
（测量仪器使用）		
（精准度）		年　月　日

3. 学徒关键职业能力及职业品质、工匠精神评价

项目	A	B	C	D
工作态度				
吃苦耐劳				
团队协作				
沟通交流				
学习钻研				
认真负责				
诚实守信				

任务 4.2　场地平整与找坡

【任务目标与质量要求】

（1）掌握挖方、填方的技术要求。

（2）能够使用测量仪器进行场地平整与找坡。

【学习产出目标】

能够在师傅的指导下，完成施工场地的平整与找坡。

【工作程序与方法要求】

工作程序	方法	要求
● 挖方、填方施工	根据铺装设计的标高进行挖填土方。填方时应当先深后浅、先分层填实深处，后填浅处，按施工规范每填一层就夯实一层。挖方时挖出的适宜栽植的肥沃土壤，要临时堆放在广场边，通知监理、业主处理。	要求：熟悉现场安全要求，并避免安全事故发生。
● 场地平整与找坡	挖方、填方工程基本完成后，对挖填出的新地面进行整理。要铲平地面，使地面平整度变化限制在 20 mm 以内。根据各坐标桩标明的该点挖填高度数据和设计的坡度数据，对场地进行找坡，保证场地内各处地面都基本达到设计的坡度。土层松软的局部区域，还要做地基加固处理。	要求：认真、仔细识图，熟练使用测量仪器。
● 确定边缘地带的竖向连接方式	根据场地周边与建筑、园路、管线等的连接条件，确定边缘地带的竖向连接方式，调整连接点的地面标高。还要确认地面排水口的位置，调整排水沟的底部标高，使广场地面与周围地坪的连接更自然，排水、通道等方面的矛盾降至最低。	要求：认真仔细，按图施工，熟练使用测量仪器，熟悉现场安全要求，并避免安全事故发生。

【业务知识】

挖方、填方工程量较小时，可用人力施工；工程量大时，应该进行机械化施工。预留作草坪、花坛及乔灌木种植地的区域，可暂不开挖。水池区域要同时挖到设计深度。填方区的堆填顺序，应当是先深后浅，先分层填实深处，后填浅处。每填一层就夯实一层，直到设计的标高处。挖方过程中挖出适宜栽培的肥沃土壤，要临时堆放在广场外边，最后再填入花坛、种植地中。

【业务经验】

广场地面还有一些景观设施，如花坛、草坪、树木种植地等，其施工的情况当然和铺装地面不同。如花坛施工，先要按照花坛设计图，将花坛中心点的位置测设到地面相应位点，并打木桩标定。然后以中心点为准，施画花坛的施工线。在施工处的花坛边线上，即可砌筑花坛边缘石，最后做成花坛。又如草坪的施工，是在预留的草坪种植地周围砌筑道牙或砌筑边缘石，再整平土面，铺种草坪。再如水池的施工，在挖方过程中已挖出水池基本形状，这时主要是根据水池设计图进行池底的铺装、池壁的砌筑和池岸的装饰。

【工作任务实施记录与评价】

1. 场地平整精准度

师傅指导记录	场地平整质量评价	评价成绩
（测量仪器使用）		
（找坡精准度）		年　月　日

2. 高程放线

师傅指导记录	高程放线质量评价	评价成绩
（测量仪器使用）		
（精准度）		年　月　日

3. 土方开挖

师傅指导记录	合理调配机械	评价成绩
		年　月　日

4. 土方调运

师傅指导记录	合理调配机械	评价成绩
		年　月　日

5. 土方回填夯实

师傅指导记录	夯实密实度	评价成绩
		年　月　日

6. 学徒关键职业能力及职业品质、工匠精神评价

项目	A	B	C	D
工作态度				
吃苦耐劳				
团队协作				
沟通交流				
学习钻研				
认真负责				
诚实守信				

任务 4.3　基层施工

【任务目标与质量要求】

掌握基层施工各项施工要求和工序。

【学习产出目标】

能够在师傅的指导下，现场指挥工人和机械完成基层施工。

【工作程序与方法要求】

● 素土夯实

当挖土达到设计标高后，可用打夯机进行素土夯实，达到设计要求素土夯实的密实度。

要求：分层夯实，达到密实度。

级配碎石垫层	(1) 控制级配碎石的质量，根据肉眼观察，禁止风化卵石进场，避免树枝等有机质混入，并按设计要求控制石子颗粒大小。(2) 在回填时先在场地内设置好标高控制点，回填时控制其虚铺厚度。(3) 级配碎石垫层夯实（同素土夯实）。	要求：严格按照施工要求进行。
混凝土垫层的浇筑	(1) 混凝土垫层的浇筑必须控制厚度和强度，按施工图做好砼强度试块检测工作。(2) 每 10 m 为一点，定点放线。(3) 在广场整体边线处放置施工挡板。(4) 在干燥的基层上洒一层水或 1∶3 砂浆。(5) 浇筑、捣实混凝土，并用直尺将顶面刮平，顶面调整至设计标高。(6) 养护。(7) 伸缩缝的切割。	要求：严格按照施工要求进行。

【业务知识】

1. 立模

道路面砼模板使用钢模，模板要有足够的刚度，内侧和顶面、底面均应平整顺直，立模应连接牢固、紧密，在整个长度上，应紧贴在基层上，不允许漏浆，并按要求的坡度和线向安设，其平面位置和高程应符合设计要求，支立准确稳固，不得有离缝、前后错茬和高低不平等现象。浇筑前，模内侧应涂刷脱模剂。

2. 混凝土拌和物的摊铺、振捣

卸料后，用人工稍微进行摊铺匀料，然后用插入式振捣器预振过后，再用振平机对混合料进行施振，振平机将砼振实。靠近模板处的砼，还要用插入式振捣器补充振捣。

3. 表面修整

振实砼后，适时进行整平、抹光等修整工作。整平可用铝合金长压尺刮砼表面，对表面欠平整的，外用较细的碎石混合料找平，严禁用纯砂浆找平。当烈日暴晒或干旱风吹时，宜在遮阳棚下进行做面工作。做面前，应做好清边整缝，清除黏浆。做面宜分两次进行，先找平抹平，待砼表面泌水时，再做第二次抹平，砼板应平整、密实。做面时严禁在面板砼上洒水、撒水泥粉。

4. 刻槽

刻槽采用刻槽机施工，在砼面板浇注成型后至少 48 h 进行，并宜在浇注成型后一个星期内完成。锯片间距要报监理工程师批准，一般每米有 60～100 条刻槽纹路，槽间距 2.29～3.81 cm，槽深大于 2.5 mm 为宜。刻槽时应注意与面板的接缝错开，防止崩边，刻槽纹理要顺直、清晰。

5. 拆模

应根据气温及混凝土强度增大情况及时拆模。拆模时应保证混凝土边角不因拆模而损坏。当气温不低于 10 ℃时，可在 24 h 后拆模；当气温在 5～10 ℃时，宜在 36 h 后拆模。

【业务经验】

混凝土养护应符合下列要求：

(1) 用草袋、麻布、草帘等，在混凝土凝固以后覆盖于板表面，每天应均匀洒水，保持潮湿状态。

(2) 昼夜温差较大时，混凝土板浇筑后 3 d 内应采取保湿措施，防止混凝土板产生收缩裂缝。

(3) 养护期间和填缝前应禁止车辆通行，在达到设计强度的 40%时方可允许行人通行，养护时间不少于 14 d。养护期满后应将覆盖物清除干净，不得在板面留有痕迹。

【工作任务实施记录与评价】

1. 素土夯实记录评价表

师傅指导记录	素土夯实质量评价	评价成绩
(夯实方法及步骤)		
(夯实的密实度)		年　月　日

2. 级配碎石垫层的铺设

师傅指导记录	级配碎石垫层的铺设质量评价	评价成绩
(碎石垫层厚度控制)		
(级配碎石铺设质量)		年　月　日

3. 混凝土垫层

师傅指导记录	混凝土垫层的铺设质量	评价成绩
		年　月　日

4. 学徒关键职业能力及职业品质、工匠精神评价

项目	A	B	C	D
工作态度				
吃苦耐劳				
团队协作				
沟通交流				
学习钻研				
认真负责				
诚实守信				

任务 4.4　面层施工

【任务目标与质量要求】

（1）了解常见面层材料特性及规格。

（2）掌握面层施工工序及技术要点。

【学习产出目标】

能够在师傅的指导下，现场指挥工人完成面层施工。

【工作程序与方法要求】

● 铺砌砂浆初找平、铺石材初找平

（1）根据广场平面网格控制图中的编号、图案，在“十”字控制线交点开始铺装，先将砼基层用喷壶洒水湿润，刷一层水灰比为 0.4～0.5 的素水泥浆。

（2）根据石材水平线确定结合层砂浆厚度。

（3）结合层砂浆一般采用 1∶3 的干硬水泥砂浆，干硬程度以手捏成团、落地即散为宜，用木抹子抹平后将石材初就位。

（4）试夯石材至设计高程。

要求：（1）刷素水泥浆不宜刷得面积过大，随铺砂浆随刷。（2）结合层砂浆的厚度一般高出石材 10～20 mm。

●石材铺装	(1) 在初找平的干硬性砂浆上，满浇一层水灰比为0.5的素水泥浆（用浆壶浇均匀），然后安放石材，石材安放后调整石材位置。(2) 用大锤（要求在石材表面垫放橡胶垫）、木夯相互配合锤击。(3) 铺完纵、横行“十”字形冲筋后，方可分段、分区依次铺砌。	要求：(1) 石材安放时四角同时下落。(2) 锤击过程中要注意随时调整石材的位置，保持经纬方向的顺直。
●石材拼缝填充	(1) 石材铺砌后1～2昼夜进行灌缝。(2) 灌完缝后对铺砌完成的广场砖进行全面积洒水，使石材拼缝中的干水泥砂充分下沉密实后，进行二次灌缝。	要求:石材拼缝采用1∶10的水泥干砂灌缝，扫缝填充。
●石材表面清理	二次灌缝完成后，对石材表面进行浇水清理。	要求：认真仔细。

【业务知识】

常用的混凝土铺地砖：

(1) 游步道砖。这种砖的厚度通常可为3～7 cm，其形状可以设计得很丰富，适用于荷载不大的游步道、轻型车道、广场、庭院等的铺装。如果选用的面砖较薄，可在混凝土中加入钢筋。如果基层有足够的刚度，在夯实的素土上增加5～10 cm的粗砂，即可铺装。如做彩色混凝土砖，其彩色层的厚度应为1 cm。

(2) 车行道面砖。公园的进出口广场和主干道，都应考虑有一定荷载的车辆通过，因此其面砖厚度应为7～10 cm。为了分散可能压在单块砖上的局部荷载，这种砖通常应是不规则形状的，铺砌时可以相互咬住，以增加其抗压能力。通用的混凝土抗压强度为500 kg/cm^2。

(3) 套色混凝土面砖。套色混凝土面砖是在一块混凝土砖上用不同色彩组成各种图案而成。它可以适用于路面的镶边，或与其他路面砖拼花使用，能起到装饰路面和广场的作用。它的图案和色彩可以根据环境的要求任意设计，能较为自由地表现各种题材，使路面更好地成为景观的组成部分，丰富和加深景观艺术性。

【业务经验】

各种铺面砖，如果掺入各色着色剂，可以大大提高其美观程度。着色剂需选用不溶于水的无机矿物颜料，如红色的氧化铁、绿色的氧化铬、黄色的柠檬铬黄、黑色的炭黑等。各种彩色水泥的配制，是在水泥中加入各种需要的着色剂。像绘画一样，各种颜色需自行调配。

(1) 配橙黄色水泥，需白水泥500 g，加黄粉10 g、红粉25 g。

(2) 配苹果绿色水泥，需白水泥500 g，加绿粉20 g、蓝粉50 g。

(3) 配咖啡色水泥，需普通水泥 500 g，加黄粉 20 g、红粉 15 g。

(4) 配制云石，需白水泥 1000 g、普通水泥 500 g，加绿粉 0.25 g、蓝粉 0.1 g。

从上面的配方中可以看出，如配制浅色、鲜艳的颜色用白水泥，而配深色则可选用普通水泥。并且着色剂的用量一般不超过混凝土中石粉用量的 10%，通常为石粉用量的 1%～5%，根据需要而定。

【工作任务实施记录与评价】

1. 结合层施工记录评价表

师傅指导记录	结合层施工质量评价	评价成绩
（结合层施工方法及步骤）		年　月　日

2. 石材铺装施工记录评价表

师傅指导记录	石材铺装质量评价	评价成绩
（石材铺装施工方法及步骤）		
		年　月　日

3. 石材拼缝填充

师傅指导记录	石材拼缝填充质量评价	评价成绩
		年　月　日

4. 学徒关键职业能力及职业品质、工匠精神评价

项目	A	B	C	D
工作态度				
吃苦耐劳				
团队协作				
沟通交流				
学习钻研				
认真负责				
诚实守信				

参考文献

［1］赵建民，陈祺，张淑英．园路与广场工程图解与施工［M］．北京：化学工业出版社，2012.
［2］张柏．从毕业生到施工员：园林工程［M］．武汉：华中科技大学出版社，2010.
［3］陈祺，陈佳．园林工程建设现场施工技术［M］．北京：化学工业出版社，2011.
［4］孙以栋，陈刚．景观铺地工程［M］．北京：中国建筑工业出版社，2006.
［5］陈祺．庭园施工图典［M］．北京：化学工业出版社，2009.
［6］侯军．建设工程制图图例及符号大全［M］．北京：中国建筑工业出版社，2004.
［7］孟兆祯．园林工程［M］．北京：中国林业出版社，1996.
［8］周代红．园林景观施工图设计［M］．北京：中国林业出版社，2010.
［9］王乃康，茅也平，赵平．现代园林机械［M］．北京：中国林业出版社，2001.
［10］董三孝．园林工程概预算与施工组织管理［M］．北京：中国林业出版社，2003.
［11］杨国明．浅析园路工程透水砖铺装施工技术［J］．中国住宅设施，2020（12）：118-119.
［12］韩阳瑞．园林工程［M］．北京：中国建材工业出版社，2023.
［13］孙玲玲．园林基础工程［M］．北京：机械工业出版社，2021.
［14］刘玉华．园林工程［M］．2 版．北京：高等教育出版社，2022.
［15］王沛永，巩立青，徐成立．雄安新区园路铺装施工工艺工法［M］．北京：中国建筑工业出版社，2021.

附录

附录1　园路广场施工学徒岗位标准

试点专业名称	园林工程技术
学徒岗位名称	园路广场施工学徒岗
学徒岗位描述	一、园路、广场项目工程资料分析及领会 (1) 识读园路广场施工图纸，明确施工任务。 (2) 建立作业标准，明确园路广场施工要求，制订出每项工作的作业顺序，使施工有条不紊。 二、园路、广场项目施工前期准备 (1) 贯彻安全第一、预防为主的方针，按规定搞好安全防范措施，做好施工现场的安全生产，文明施工，进行现场事故隐患排查。 (2) 识读园路广场施工图纸，明确施工任务，对图纸及施工中出现的问题及时解决。 三、园路、广场项目施工过程 (1) 明确施工放线—修筑路槽—基层施工—结合层施工—面层施工—道牙、边条施工。 (2) 掌握园路广场施工过程中的各分项工程的施工要求和流程。 (3) 在道路施工工程师指导下，严格按照施工组织设计和施工进度进行施工；认真做好工程施工日志。 (4) 对图纸及施工中出现的问题及时协调解决。 (5) 对施工流程中各分部分项工程，尤其是隐蔽工程的质量，严格按照施工规范技术要求进行过程核验。 四、园路、广场项目施工竣工验收 (1) 严格执行施工规范和验收标准。 (2) 参与检查分部分项工程验收及工程竣工验收工作，准备好验收工作有关资料。
现代化生产技术设备、规模资质、企业文化与质量管理、企业师傅要求	岗位现代化生产技术设备水平：①常规的：水准仪，经纬仪，全站仪，激光测距仪，激光扫平仪，钢尺；②先进的：RTK，手持 GPS；③室内的：打印机，绘图仪，扫描仪；④其他的：三维激光扫描仪。 规模资质： 企业从事主要市政工程、土石方工程、园林绿化、园林工程、园林绿化施工，拥有市政工程经营许可证；企业年度销售额在2000万元以上；企业员工规模80人以上，其中技术员5人以上。 企业文化与质量管理： 企业管理制度规范、企业文化氛围浓厚，特色鲜明，管理规范。企业通过国家安全生产认证或构建有完善的质量保证体系。 企业科技与人员水平： 企业的园林施工技术人员实践能力强，本科以上学历，有系统培训或兼职教学经历，施工经验在5年以上，参与或负责施工项目不少于5个，并有带徒指导的时间。
工作场所与使用工具	工作场所：施工工地现场以及办公室。 使用工具：电脑、图纸、经纬仪、水准仪、全站仪。

续附录 1

安全生产规章制度要求	企业安全生产制度要求： 在项目经理的直接领导下开展工作，贯彻安全第一、预防为主的方针，按规定搞好安全防范措施，把安全工作落到实处，做到讲效益必须讲安全，抓生产首先必须抓安全。 (1) 进入施工现场的人员必须正确佩戴和使用个人劳动保护用品。不准赤脚、赤膊，穿拖鞋、高跟鞋。 (2) 施工现场的一切安全防护设施齐全有效，不准拆改和擅作他用。非本工种人员严禁动用各类机械电器设备，特殊工种必须持证上岗。 (3) 现场人员严禁攀登脚手架、井字架、外用电梯等，禁止打闹、酒后作业，高空作业人员严禁向下抛扔任何物件，防止意外事故发生。 (4) 职工安全教育率达 100%，经考试合格后方可上岗，对变换工种、换岗及新入场工人、临时参加生产人员，应视同新工人一并进行岗前安全教育培训，合格后方可上岗。 (5) 对现场的新机具、新设备、新工艺应由有关技术部门制订操作规程，并对操作人员进行专门培训。 (6) 对从事有毒有害作业的人员，由卫生部门及其有关部门在工作前进行防毒防害的教育后方可上岗。 (7) 项目部每月对现场进行二次安全检查，不留死角，职能人员每月巡视检查，发现隐患，及时解决，严格执法。 (8) 施工负责人要认真按方案执行，做好分项工程有针对性的安全技术交底，跟踪管理到位。 (9) 班组安全生产中的长期目标，是班组安全生产实现标准化、规范化、制度化，各类安全事故为零。 (10) 班组要认真执行施工负责人的安全技术交底和班前安全活动。 (11) 坑、槽施工应经常检查边坡土质稳固情况，若发现有裂纹、疏松或支撑走动，要随时采取加固补救措施。 (12) 从事高空作业人员要定期体检，凡发现有高血压、心脏病、贫血、癫痫病以及其他不适于高空作业的疾病，不得从事高空作业。 (13) 遇有恶劣天气（如风力在六级以上）影响施工安全时，禁止露天高空作业。 (14) 机械作业时，作业人员不得擅自离开工作岗位或将机械交给非操作人员操作。 (15) 电动工具在使用中不得任意调换插头，更不能将插头用导线直接插入插座内。当电动工具不用或需调换工作时应及时拔下插头，但不能拉着电源线拔下插头。插上插头时，开关应在断开位置，以防突然起动。 (16) 机电设施设备在使用过程中要经常检查，如发现问题（绝缘层损坏、电缆线或电缆护套破裂、接地线脱落、插头插座开裂、接触不良以及机械断续运转等），应立即停止使用，进行维护修理。 (17) 照明灯具的距地高度，室内不低于 2.4 m，室外不低于 3 m，灯线应架设整齐，相线和零线应分开固定或用橡皮护套铜芯软电缆。 (18) 施工过程中，各施工班组要认真做好工完场清工作，实行包干责任制。 (19) 现场的暂设工程，规矩整齐，现场道路畅通、场地平整，建立良好的排水系统，现场各种材料要堆码整齐并设有标识。 (20) 现场内有安全标志，危险地段要设红灯示警，并且不得随意破坏。 (21) 禁止非施工人员进入施工现场。

续附录 1

职业守则及行为规范	职业守则：爱岗敬业，立足本职，安全生产、文明施工；掌握技能，精益求精；保证质量，诚实守信。 行为规范：严格遵守工作程序及操作规范、听从安全员的指导，做到不违章作业、正确使用劳动安全防护用品和安全设施。 安全生产规范：遵守企业生产安全、出行安全、食宿安全的有关规定。
要求从业职业资格	一级建造师及以上职称、高级工程师职业资格证证书。
基本专业知识要求	专业知识：①施工图纸读图知识；②地形土方知识；③施工测量知识；④材料识别知识；⑤道路施工工艺知识；⑥工程验收相关知识。 法律知识：①《中华人民共和国安全生产法》；②《建设工程安全生产管理条例》；③《中华人民共和国消防法》；④《安全生产许可证条例》；⑤《生产安全事故报告和调查处理条例》。 安全知识：①安全使用机械知识；②安全用电知识；③安全防火知识；④安全消防知识；⑤安全生产知识。 企业经营管理知识：①企业组织机构与管理流程；②企业财务管理知识；③企业文化；④企业人力资源管理与员工职业生涯规划。
职业道德与素质要求	为人正直、吃苦耐劳，具有团队精神，工作严谨；具备一定的协调管理能力、沟通能力、动手能力、应急处理能力；能适应不同地点不同环境的工作条件。
岗位验收规范及职业素养	一、园路广场施工岗位验收规范 园路广场施工岗位的施工任务，以检验项目中的各项目为参考依据，根据以下标准对园路广场施工进行验收： 《中华人民共和国安全生产法》 《建设工程安全生产管理条例》 GB 50209—2010《建筑地面工程施工质量验收规范》 GB 50300—2013《建筑工程施工质量验收统一标准》 GB 50210—2018《建筑装饰装修工程质量验收标准》 GB 50204—2015《混凝土结构工程施工质量验收规范》 GB 50205—2020《钢结构工程施工质量验收标准》 GBJ 97—1987《水泥混凝土路面施工及验收规范》 GB 50203—2011《砌体结构工程施工质量验收规范》 GB 50069—2002《给水排水工程构筑物结构设计规范》 CJJ 1—2008《城镇道路工程施工与质量验收规范》 GB 50268—2008《给水排水管道工程施工及验收规范》 JTG F8011—2017《公路工程质量检验评定标准第一册　土建工程》 GB 50300—2013《建筑工程施工质量验收统一标准》 GB 50092—1996《沥青路面施工及验收规范》 CJJ 89—2012《城市道路照明工程施工及验收规程》 二、园路广场施工岗位具体职业素养 (1) 施工员应以高度的责任感，根据技术人员的责任义务，做好本职工作。对工程建设的各个环节交底，做出周密、细致的安排，并合理组织劳动力，精心实施作业程序，使施工有条不紊地进行，防止盲目施工和窝工。

续附录 1

岗位验收规范及职业素养	（2）以对人民生命安全和国家财产极端负责的态度，时刻不忘安全和质量，严格检查和监督，把好关口。 （3）不违章指挥，不玩忽职守，施工做到安全、优质、低耗，对已竣工的工程要主动回访保修，坚持良好的施工后服务，信守合同，维护企业的信誉。 （4）施工员应严格按图施工，规范作业。不使用无合格证的产品和未经抽样检验的产品，不偷工减料，不在钢材用量、混凝土配合比、结构尺寸等方面做手脚，牟取非法利益。 （5）在施工过程中，时时处处要精打细算，降低能源和原材料的消耗，合理调度材料和劳动力，准确申报建筑材料的使用时间、型号、规格、数量，既保证供料及时，又不浪费材料。 （6）施工员应以实事求是、认真负责的态度准确签证，不多签或少签工程量和材料数量，不虚报冒领，不拖拖拉拉，完工即签证，并做好资料的收集和整理归档工作。 （7）做到施工不扰民，严格控制粉尘、施工垃圾和噪声对环境的污染，做到文明施工。 （8）能有效地组织和指挥人力、物力和财力进行科学施工，取得最佳的经济效益。 （9）能够对施工中的稳定性问题（包括缆风绳设置、脚手架架设、吊点设计等）进行鉴别，对安全质量事故进行初步的分析。 （10）能比较熟练地承担施工现场的测量、图样会审和向工人交底的工作。 （11）能在不同地质条件下正确确定土方开挖、回填夯实、降水、排水等措施。 （12）能正确地按照国家施工规范进行施工，掌握施工计划的关键线路，保证施工进度。 （13）能根据施工要求，合理选用和管理道路工程施工机具，具有一定的电工知识，科学管理施工用电。 （14）能运用质量管理方法指导施工，控制施工质量。 （15）能根据工程的需要，协调各工种、人员、上下级之间的关系，正确处理施工现场的各种社会关系，保证施工能按计划高效、有序地进行。 （16）能编制施工预算，进行工程统计、劳务管理、现场经济活动分析，对施工现场进行有效管理。 三、学徒相关企业文化了解 （1）企业机构组织框架。 （2）企业上游、下游相关企业。 （3）企业文化。 四、学徒企业相关制度 （1）财务制度。 （2）工资制度。 （3）考勤制度。 （4）劳保制度。 （5）库管制度。 （6）厨房管理要求。 （7）饭菜标准。 （8）宿舍制度。
对应职业资格	施工员岗位证书、二级建造师。

续附录 1

岗位工作任务（或项目）	工作过程与技术、质量要求	专业知识要求	技术技能要求及综合职业能力要求
施工前期准备	熟悉施工文件要求： (1) 要反复学习领会施工图纸中的要素。 (2) 要注意施工图纸中所采用的各项技术指标，认真考虑其技术的合理性和施工的可能性。 (3) 注意路面结构组合设计的形式和特点。 (4) 在熟悉施工图纸文件过程中，如有错误、疑问、不妥之处，要及时与有关单位联系，共同研究解决。 (5) 进行施工安全生产的岗前培训。	(1) 具备施工图读图能力。 (2) 了解市政工程各项标准指标。 (3) 熟知施工工艺。 (4) 具备一定额工程造价的知识。 (5) 具备施工材料知识。	(1) 能够熟练看懂市政各类施工图纸。 (2) 能够准确读图，熟知施工标准和施工工艺，能够编制施工方案，具有良好的沟通和协调能力。
园路广场施工现场准备	(1) 修建临时工棚。 (2) 场地清理。 (3) 修建便道便桥。 (4) 备料。	(1) 具备一定的测量专业知识。 (2) 具备施工材料、机械的相关知识。	(1) 能够使用常用的测量工具，能够对施工材料、机械进行分类。 (2) 能够根据工程情况合理安排施工现场的人力、物资、机械。
施工放线	按施工图纸和施工要求，园路在地面上按路面设计中心线 20～50 m 放一中心桩，广场每隔 10 m 放一个桩。中心桩写明编号，以中心桩为准，确定边桩，然后放出路面或广场的平曲线。	(1) 具备测量的专业知识。 (2) 具备良好的识图能力。	(1) 会用 RTK、经纬仪、水准仪、全站仪等常用测量工具。 (2) 能够准确识读施工图纸。 (3) 能够按图精准放线。
修筑路槽	按照设计路面的宽度每侧放出 20 cm 的挖槽，路槽的深度等于路面的厚度，槽底应有 2%～3%的横坡度。路槽做好后在槽底洒水，使其潮湿，然后用打夯机夯 2～3 遍，最后进行质量实验。	(1) 具备测量的专业知识。 (2) 具备良好的识图能力。 (3) 具备道路施工的相关知识。	(1) 会使用打夯机。 (2) 能够测量。 (3) 会进行压实度实验。

续附录 1

岗位工作任务（或项目）	工作过程与技术、质量要求	专业知识要求	技术技能要求及综合职业能力要求
基层施工	(1)摊铺碎石。 (2)稳压。 (3)撒填充材料。 (4)压实。 (5)铺撒嵌缝料。 (6)碾压。	(1) 懂得干结碎石基层和天然级配砂砾。 (2) 懂得石料强度，懂得摊铺、稳压、碾压工序。	(1) 能够对碎石进行分级，能够熟知各类压路机、平地机、打夯机性能。 (2) 能够指挥人员、机械按照标准进行基层施工。
结合层施工	一般用 M7.5 的水泥、白泥、砂混合砂浆或 1∶3 的白灰砂浆，砂浆摊铺宽度应大于铺装面 5～10 cm，已拌好的砂浆应当日用完，特殊石材铺地结合层采用 M10 水泥砂浆。	具备砂浆材料相关知识，指导各类砂浆的配比、拌法。	(1) 会拌砂浆。 (2) 能够根据实际工程材料要求合理选择结合层砂浆。
面层施工	在完成的路面基层上，重新定点、放线，每 10 m 一施工段落，根据设计标高、路面宽度、定放边桩、中桩，打好边线、中线。设置整体现浇路面边线处的施工挡板，确定切块路面的切块数及拼接方式。将面层材料运入现场。	(1) 能够准确定点、放线。 (2) 能够进行切块路面的切块数计算。	(1) 会打桩、放线、支挡板，熟知施工工序和工艺。 (2) 能够指挥人员、机械按照标准进行施工。
道牙、边条施工	道牙基础填挖碾压(与地床同时进行)，结合层用 1∶3的水泥砂浆铺 2 cm。用 M10 水泥砂浆勾缝，道牙背后要用灰土夯实，宽度为 50 cm，厚度为 15 cm，密实度为 90%。边条用于较轻的荷载处，且尺寸较小，一般 5 cm 宽，15～20 cm 高，特别适用于步行道、草地或铺砌场地的边界。	能够熟悉各类砂浆，会测密实度。	(1) 能够准确识别图纸，按图施工。 (2) 能够指挥人员、机械按照标准进行施工。

续附录 1

岗位工作任务（或项目）	工作过程与技术、质量要求	专业知识要求	技术技能要求及综合职业能力要求
工程验收	对园路广场中的分项工程的内容进行施工验收，记录要求详细完整。	能够对工程的质量进行评价和形成验收意见。	(1) 能够进行现场工程实地的验查工作。 (2) 能够针对验收内容当中的内容进行及时整改。
职业品质与工匠精神案例	职业品质：政治立场坚定，组织观念强，勤劳敢闯，热爱集体，关心同事，以礼待人，诚实守信，吃苦耐劳，思想道德品质良好。 典型案例：优秀员工徐某的职业晋升案例。		
职业生涯发展规划	职业资格发展：施工员、二级建造师、一级建造师。 专业技术职务发展：施工员、技术总监、工程师、高级工程师。 企业管理职务发展：施工员、项目负责人、技术总监、项目经理、副总经理、总经理。		

附录 2　园路广场施工学徒岗位课程标准

试点专业名称	园林工程技术		
学徒岗位 课程名称	园林工程施工员（园路广场施工）		
学徒岗位 课程描述	学生以学徒准技术员身份，在通过认证的企业师傅培训指导下，在企业园路广场施工员岗位上完成一个完整施工周期，依次包括园路广场施工岗前培训（劳动纪律—安全生产—企业文化）—施工准备—施工放线—修筑路槽—基层施工—结合层施工—面层施工—道牙、边条施工等学徒岗位工作任务，并完成学徒培养和岗位工作学习产出。	学徒工作 学习周数	13 周
课程教学目标 与学习产出	职业素质目标： 学徒企业和企业师傅认为学徒学生职业守则行为规范、职业品质素养、工匠精神等日常表现达到企业员工要求，评价达到良好。 专业知识目标： (1) 掌握道路工程制图原理、识图方法以及常用的道路工程项目工程测量方法。 (2) 能够正确、高效地使用 RTK、经纬仪、水准仪、全站仪进行施工放线。 (3) 掌握常用道路工程材料（包括水泥、钢材、木材、砂石等）的性能和质量标准。 (4) 掌握园路、广场工程土方量计算方法。 (5) 掌握园路、广场工程施工的标准、规范和常用施工工艺。 (6) 掌握道路工程施工的一般原理和施工技术。 (7) 了解一定的园路、广场工程施工机械知识和电工知识。 (8) 掌握一定的施工组织和科学的施工现场管理方法。 职业能力目标： (1) 能有效地组织和指挥人力、物力和财力进行科学施工，取得最佳的经济效益。 (2) 能够对施工中的稳定性问题（包括缆风绳设置、脚手架架设、吊点设计等）进行鉴别，对安全质量事故进行初步的分析。 (3) 能比较熟练地承担施工现场的测量、图样会审和向工人交底的工作。 (4) 能在不同地质条件下正确确定土方开挖、回填夯实、降水、排水等措施。 (5) 能正确地按照国家施工规范进行施工，掌握施工计划的关键线路，保证施工进度。 (6) 能根据施工要求，合理选用和管理道路工程施工机具，具有一定的电工知识，科学管理施工用电。 (7) 能运用质量管理方法指导施工，控制施工质量。 (8) 能根据工程的需要，协调各工种、人员、上下级之间的关系，正确处理施工现场的各种社会关系，保证施工能按计划高效、有序地进行。 (9) 能编制施工预算，进行工程统计、劳务管理、现场经济活动分析，对施工现场进行有效管理。		

续附录 2

学徒岗位认证条件	学徒岗位技术、设备、规模资质、质量管理等保障条件	岗位现代化生产技术设备水平： ①常规的：水准仪，经纬仪，全站仪，激光测距仪，激光扫平仪，钢尺；②先进的：RTK，手持 GPS；③室内的：打印机，绘图仪，扫描仪；④其他的：三维激光扫描仪。 规模资质： 企业从事主要市政工程、土石方工程、园林绿化、园林工程、园林绿化施工，拥有市政工程经营许可证；企业年度销售额在 2000 万元以上；企业员工规模 80 人以上，其中技术员 5 人以上。 企业文化与质量管理： 企业管理制度规范，企业文化氛围浓厚，特色鲜明，管理规范。企业通过国家安全生产认证或构建有完善的质量保证体系。 企业科技与人员水平： 企业的园林施工技术人员实践能力强，本科以上学历，有系统培训或兼职教学经历，施工经验在 5 年以上，参与或负责施工项目不少于 5 个，并有带徒指导的时间。
	学徒岗位课程实施工作场所与使用工具	工作场所：园林施工企业项目工地以及办公室。 使用工具：电脑、图纸、经纬仪、水准仪、全站仪等。
	学徒岗位课程实施岗位职业安全与规章制度	企业安全生产制度要求： 在项目经理的直接领导下开展工作，贯彻安全第一、预防为主的方针，按规定搞好安全防范措施，把安全工作落到实处，做到讲效益必须讲安全，抓生产首先必须抓安全。 (1) 进入施工现场的人员必须正确佩戴和使用个人劳动保护用品。不准赤脚、赤膊，不准穿拖鞋、高跟鞋。 (2) 施工现场的一切安全防护设施齐全有效，不准拆改和擅作他用。非本工种人员严禁动用各类机械电器设备，特殊工种必须持证上岗。 (3) 现场人员严禁攀登脚手架、井字架、外用电梯等，禁止打闹、酒后作业，高空作业人员严禁向下抛扔任何物件，防止意外事故发生。 (4) 职工安全教育率达 100%，经考试合格后方可上岗，对变换工种、换岗及新入场工人、临时参加生产人员，应视同新工人，一并进行岗前安全教育培训，合格后方可上岗。 (5) 对现场的新机具、新设备、新工艺应由有关技术部门制订操作规程，并对操作人员进行专门培训。 (6) 对从事有毒有害作业的人员，由卫生部门及其有关部门在工作前进行防毒防害的教育后方可上岗。 (7) 项目部每月对现场进行二次安全检查，不留死角，职能人员每月巡视检查，发现隐患，及时解决，严格执法。 (8) 施工负责人要认真按方案执行，做好分项工程有针对性的安全技术交底，跟踪管理到位。

续附录 2

学徒岗位认证条件	学徒岗位课程实施岗位职业安全与规章制度	(9) 班组安全生产中的长期目标，是班组安全生产实现标准化、规范化、制度化，各类安全事故为零。 (10) 班组要认真执行施工负责人的安全技术交底和班前安全活动。 (11) 坑、槽施工应经常检查边坡土质稳固情况，若发现有裂纹、疏松或支撑走动，要随时采取加固补救措施。 (12) 从事高空作业人员要定期体检，凡发现有高血压、心脏病、贫血、癫痫病以及其他不适于高空作业的疾病，不得从事高空作业。 (13) 遇有恶劣天气（如风力在六级以上）影响施工安全时，禁止露天高空作业。 (14) 机械作业时，作业人员不得擅自离开工作岗位或将机械交给非操作人员操作。 (15) 电动工具在使用中不得任意调换插头，更不能将插头用导线直接插入插座内。当电动工具不用或需调换工作时应及时拔下插头，但不能拉着电源线拔下插头。插上插头时，开关应在断开位置，以防突然起动。 (16) 机电设施设备在使用过程中要经常检查，如发现问题（绝缘层损坏、电缆线或电缆护套破裂、接地线脱落、插头插座开裂、接触不良以及机械断续运转等），应立即停止使用，进行维护修理。 (17) 照明灯具的距地高度，室内不低于 2.4 m，室外不低于 3 m，灯线应架设整齐，相线和零线应分开固定或用橡皮护套铜芯软电缆。 (18) 施工过程中，各施工班组要认真做好工完场清工作，实行包干责任制。 (19) 现场的暂设工程，规矩整齐，现场道路畅通、场地平整，建立良好的排水系统，现场各种材料要堆码整齐并设有标识。 (20) 现场内有安全标志，危险地段要设红灯示警，并且不得随意破坏。 (21) 禁止非施工人员进入施工现场。
	行业企业工作学习职业行为规范	职业守则：爱岗敬业，安全生产，文明施工，掌握技能，精益求精，保证质量，诚实守信，立足本职，安全生产。 行为规范：严格遵守工作程序及操作规范、听从安全员的指导，做到不违章作业、正确使用劳动安全防护用品和安全设施。 安全生产规范：遵守企业生产安全、出行安全、食宿安全的有关规定。
企业师傅认证与配置要求		企业师傅认证条件： (1) 二级建造师及以上职称。 (2) 高级工程师职业资格证证书。 (3) 具有培训、兼职教学经历。 企业师傅配置要求： (1) 企业师傅需经专业学徒制委员会按“专业学徒师傅标准”认证。 (2) 企业师傅与学生按 1∶1 或 1∶2 的比例配置。
可考取的职业资格证书、行业或企业证书		施工员职业资格证书。

续附录 2

学徒岗位课程培训与工作任务（或项目）	培训与工作学习内容	培训、工作学习组织	学习产出目标	工作学习时间/周
企业岗前培训	企业文化、企业人事、企业组织管理制度、考勤制度、安全生产知识等的学习。	（1）由企业各部门主管按照新员工进行轮训。 （2）在企业师傅指导下制订学徒期间的工作计划、学习计划和专题研修计划。	（1）了解企业管理结构、发展环境。 （2）了解企业对技术员的业务和行为规范要求，自身职业生涯发展。 （3）制订学徒制期间的工作计划、学习计划和专题研修计划。	0.5
1. 施工准备	（1）识读工程项目施工图。	由学徒企业师傅组织学徒会同项目经理共同研读该项目的施工图。	正确识读园路、广场项目全套施工图。	1
	（2）识读施工进度横道图、网络图。	由学徒企业师傅组织学徒会同项目经理共同研读该项目的施工组织设计。	（1）能够精确读懂施工组织进度横道图、网络图。 （2）能够在师傅的帮助下编制施工进度计划横道图。	
	（3）施工验收标准、规范、施工预算等资料。	由学徒企业师傅组织学徒会同项目经理共同研读该项目的验收标准、工程预算资料。	能够看懂工程预算书，明确知道此项工程的成本控制点。	
2. 施工测量放线	按照设计图纸进行道路、广场施工放线（了解各种测量工具的使用）。	项目化教学，在学徒制企业的施工工地由师傅指导进行。同时协同工地安全员注重施工现场安全意识的培养，遵守各类施工验收规范。	（1）能够准确高效地使用 RTK、经纬仪、水准仪、尺子、全站仪。 （2）掌握施工网放线、坐标控制点放线的常规操作方法。能够按照图纸正确进行施工网放线、坐标控制点放线。 （3）正确地按照设计图纸进行园路或广场的放线。	2

续附录 2

学徒岗位课程培训与工作任务（或项目）	培训与工作学习内容	培训、工作学习组织	学习产出目标	工作学习时间/周
3. 修筑路槽	按照设计路面的宽度每侧放出 20 cm 的挖槽，路槽的深度等于路面的厚度，槽底应有 2%～3%的横坡度。路槽做好后，在槽底洒水，使其潮湿，然后用打夯机夯 2～3 遍，最后进行质量实验。	项目化教学，在学徒制企业的施工工地由师傅指导进行。同时协同工地安全员注重施工现场安全意识的培养，遵守各类施工验收规范。	(1) 按图施工。 (2) 施工位置正确。 (3) 达到施工质量要求。	1
4. 基层施工	(1) 摊铺碎石。 (2) 稳压。 (3) 撒填充材料。 (4) 压实。 (5) 铺撒嵌缝料。 (6) 碾压。	项目化教学，在学徒制企业的施工工地由师傅指导进行。同时协同工地安全员注重施工现场安全意识的培养，遵守各类施工验收规范。	(1) 按图施工。 (2) 施工位置正确。 (3) 施工技法正确。 (4) 达到施工质量要求。	2
5. 结合层施工	砂浆材料相关知识，各类砂浆的配比、拌法。	在学徒制企业的施工工地由师傅指导进行。同时协同工地有经验的技术人员、大工共同进行经验传授。	(1) 按图施工。 (2) 施工方法正确。 (3) 砂浆配比正确、搅拌方法正确。 (4) 达到施工质量要求。	1
6. 面层施工	会打桩、放线，会支挡板，熟知施工工序和工艺。	在学徒制企业的施工工地由师傅指导进行。	(1) 按图施工。 (2) 施工方法正确。 (3) 达到施工质量要求。	2
7. 道牙、边条施工	道牙地层、结合层施工工艺	在学徒制企业的施工工地由师傅指导进行。同时协同工地有经验的技术人员、大工共同进行经验传授。	(1) 按图施工。 (2) 施工方法正确。 (3) 达到施工质量要求。	1.5

续附录 2

<table>
<tr><th>学徒岗位课程培训与工作任务（或项目）</th><th>培训与工作学习内容</th><th>培训、工作学习组织</th><th>学习产出目标</th><th>工作学习时间/周</th></tr>
<tr><td>学徒培养总结</td><td>企业师傅指导学徒系统总结学徒期间三项计划的完成情况，形成学徒总结。专题研修报告具有一定的技术含量。</td><td>总结、指导、审阅、修改总结报告和研修报告。</td><td>（1）学徒培养总结报告。
（2）学徒岗位工作总结报告。
（3）学徒培养学习成果报告。
（4）专题研修技术报告或论文。</td><td>1</td></tr>
<tr><td>职业品质与工匠精神培养</td><td colspan="4">政治立场坚定，组织观念强，勤劳敢闯，热爱集体，关心同事，以礼待人，诚实守信，吃苦耐劳，思想道德品质良好。</td></tr>
<tr><td>工作学习资源</td><td colspan="4">职业教育园林工程施工与管理教学资源库</td></tr>
<tr><td>学徒学业考核评价方案</td><td colspan="4">按照学院学徒制试点改革方案，学徒学业评价给予企业学徒岗位工作情景，充分体现社会化学习成果和岗位工作成果，注重关键职业能力和技术技能掌握运用。
学徒学业考核由三个部分组成：
<table>
<tr><td colspan="2">企业岗位考核（20%）</td><td colspan="2">企业师傅观察性考核（20%）</td><td colspan="3">学徒量化学习产出目标考核（60%）</td></tr>
<tr><td colspan="2" rowspan="4">按企业员工同等要求的月考核结果。</td><td colspan="2" rowspan="4">企业师傅在以师带徒的过程中对学徒的态度、行为规范、职业品质、工匠精神和专业知识掌握应用观察性考核。</td><td colspan="3">学徒岗位完成工作任务量化技术技能操作运用能力考核。</td></tr>
<tr><td>序号</td><td>技术技能名称</td><td>评价结果</td></tr>
<tr><td></td><td></td><td></td></tr>
<tr><td></td><td></td><td></td></tr>
<tr><td>月份</td><td>考核结果</td><td>项目</td><td>等级(A/B/C/D)</td><td></td><td></td><td></td></tr>
<tr><td></td><td></td><td>工作态度</td><td></td><td></td><td></td><td></td></tr>
<tr><td></td><td></td><td>行为规范</td><td></td><td></td><td></td><td></td></tr>
<tr><td></td><td></td><td>职业品质</td><td></td><td></td><td></td><td></td></tr>
<tr><td></td><td></td><td>工匠精神</td><td></td><td></td><td></td><td></td></tr>
<tr><td></td><td></td><td>专业知识掌握应用能力</td><td></td><td></td><td></td><td></td></tr>
</table>
</td></tr>
</table>

附录3　园路广场施工学徒岗学徒师傅聘任标准与教学指导工作规范

第一部分　学徒师傅聘任标准

为深化落实推动教育部《关于委托开展职业教育现代学徒制理论研究与实践探索工作的通知》，以园林企业用人需求与岗位资格标准为服务目标，丰富中国特色职业教育体系内涵，并使园林工程技术专业的现代学徒制改革顺利开展并取得实效，确保企业师资水平能够满足园林种植施工与养护现代学徒制教学的需要，特制订本标准。

一、聘任对象

种植施工与养护学徒制企业师傅的聘请对象主要是园林企事业单位中从事生产、技术、科研工作，经验丰富，德行俱佳的在职人员。

二、聘任条件

(1) 热爱园林事业，对培养园林行业人才有充分热情，具有良好的政治思想素质和职业道德。

(2) 具备丰富的处理问题的能力，善于沟通和表达，掌握并灵活运用行业知识进行技能的传授和讲解能力。

(3) 工作成绩突出，善于“传、帮、带”，近三年在种植施工与养护企业生产工作中没有违纪、违章、违规行为。

(4) 取得园林行业技师、二级建造师、一级建造师、注册造价师、注册规划师中一项职业资格或者具有工程师及以上技术职称者。

(5) 接受过专门的职业教育或系统的园林专业职业技能培训。

(6) 有制订、实施培训方案的能力，具备良好的语言表达能力和沟通交流能力。

(7) 身体健康，心理健康，能坚持正常工作，男性60岁以下、女性55岁以下。

三、评聘程序

由园林企业根据评选条件，结合实际情况采取笔试或技能操作方式进行评选。

获得推选的师傅需填写“园林行业师傅申报认定表”（见附件），单位盖章后，由单位和合作院校共同审核。

经评审通过的师傅，发放聘书，聘期为三年。聘书加盖学院和师傅所在企业公章。

四、奖励办法

对于师傅带徒弟期间表现优秀的人员给予精神奖励，由单位和学院统一发文表彰，发给获奖证书。带徒弟计算兼职教师工作量，按照学校统一标准进行薪酬发放。

将优秀师傅的评选获奖情况计入个人档案，作为晋职晋级的考核依据之一。

第二部分　学徒师傅教学指导工作规范

学徒师傅承担以下职责：

(1) 认真做好对实习生的日常考勤和管理，加强职业道德、劳动纪律和企业文化等教育，培养学徒文明、守纪的良好习惯。

（2）负责指导实习生熟悉实习工作环境和防护设施，提高学徒的自我保护能力，采取有效措施防止学徒在实习中受到伤害和发生安全事故。

（3）认真做好对实习生技能训练的指导和各技术环节的示范，使学徒尽快掌握实际操作技能，严格要求学徒，并经常进行提问、讲解与指导。

（4）认真听取学校和实习指导教师的意见，采取措施及时解决实习指导中存在的问题，不断提高实习质量。

（5）督促学徒及时填写实习生手册，对学徒的实习小结填写评语并签名。

（6）实行学徒实习信息通报制度，定期向学校、学徒家长通报交流学徒实习情况。

（7）配合学校和第三方评价机构，对实习学徒进行岗位评价考核。

（8）师傅工作做到有记录有考核，对考核不合格的师傅予以解聘、减少课时费、取消晋升等优惠条件。

（9）认真完成企业领导交办的其他各项工作任务。

附件：

园林行业师傅申报认定表

<table>
<tr><td>姓名</td><td></td><td>性别</td><td></td><td>年龄</td><td colspan="2"></td><td rowspan="3">照片</td></tr>
<tr><td colspan="2">工作单位</td><td colspan="2"></td><td>技术
职务资格</td><td></td><td></td></tr>
<tr><td colspan="2">通信地址</td><td colspan="3"></td><td>邮政编码</td><td></td></tr>
<tr><td colspan="2">邮箱</td><td colspan="2"></td><td colspan="2">最高学历、学位</td><td colspan="2"></td></tr>
<tr><td colspan="2">专业技术职称</td><td colspan="2"></td><td colspan="2">毕业学校及时间</td><td colspan="2"></td></tr>
<tr><td colspan="2">技术、专业特长</td><td colspan="2"></td><td colspan="2">现从事技术岗位</td><td colspan="2"></td></tr>
<tr><td colspan="2">拟担师傅岗位</td><td>岗位一</td><td></td><td>岗位二</td><td></td><td>岗位三</td><td></td></tr>
<tr><td colspan="2">岗位工作经历</td><td colspan="6"></td></tr>
<tr><td colspan="2">传授技能及工作业绩</td><td colspan="6"></td></tr>
<tr><td colspan="2">学习情况</td><td colspan="6"></td></tr>
<tr><td colspan="2">所在单位
推荐意见</td><td colspan="6">盖章
年　月　日</td></tr>
<tr><td colspan="2">合作院系意见</td><td colspan="6">主任签字（单位代章）：</td></tr>
</table>

No.

附录4　园路广场施工学徒岗学徒选拔标准与学习守则

第一部分　企业学徒选拔标准

一、学徒选拔的基本原则

坚持“公平、公正、公开”的原则，做到选拔条件与考核内容公开、选拔经过公开、选拔结果公开，选拔优秀学徒进入公司实践。

二、选拔对象、条件及人数

（一）选拔对象

新疆农业职业技术学院园林工程技术专业全日制高职学生。

（二）选拔条件

（1）思想端正，有良好的道德品质和文明的行为习惯。

（2）身体健康，无疾病无残疾。

（3）专业课程成绩优秀，文化课程学习成绩较好。

（4）热爱园林事业，具有合作意识和团队精神，具有较强的吃苦耐劳的精神。

（5）有责任感和奉献精神，品行端正。

（6）自愿参加，入选后同意参加本企业现代学徒制培训。

（7）毕业后（学成后），自愿在本企业进行园林方面的工作。

（三）选拔人数

根据合作企业选拔学徒的人数确定。

三、选拔程序

个人提出书面申请—园林科技分院根据学生情况进行推荐—园林企业综合考核，确定人选—由园林企业、学院、学生（未成年人由家长代理）三方共同签订学徒协议。

四、学徒选拔考核技术标准

（一）考核命题标准

学徒选拔考核以土建施工员国家职业标准的工作要求为基础，适当增加新知识、新技术、新设备、新技能等相关内容，以实际操作的形式进行考核。试题由学徒选拔本企业组织有关专家统一命制。

（二）考核场地环境设计

采取有效措施确保工位与工位之间互不干扰；设置有考评专家进入现场巡视的专门通道，以不影响考核选手考核为标准。

（三）考核内容及要点

1. 考核方法

考核采用现场实操的方法，给定施工图纸，考生在规定时间内完成图纸中的园路和小场地铺装的内容。

2. 考核内容

定点放线、场地平整、园路铺设（面层材料由图纸指定）、花岗岩碎拼小场地铺设。

3. 考核时间

要求6小时内完成。

4. 评分要求

考核评分比重表

评分项目	分值
工具使用	10
园路放线	20
选料	10
园路铺设	30
花岗岩碎拼小场地铺设	30
合计	100

否定项说明：若参加考核的学徒发生考试抄袭、缺考、替考中的一种，该考核成绩记为零分。

第二部分　企业学徒学习守则

一、入职培训

（1）公司针对企业学徒在进入职业岗位工作之前必须开展入职培训。培训地点可选在学院或公司，重点就公司、部门基本情况、企业组织机构、管理文化、从事工作任务等《员工手册》的相关内容进行培训。

（2）公司为每位企业学徒学生指定一名入职引导人，进入职业岗位工作时，需指定一名企业技术专家或部门技术负责人为指导教师，指导学生工作、生活，完成职业岗位工作任务和学生学习计划。

二、员工纪律与行为规范

企业学徒学生作为企业准员工，按员工同等对待管理。

1. 公司员工基本守则

（1）热爱公司，服务社会；

（2）尊重他人，诚实守信；

（3）用心做事，追求卓越；

（4）不断进步，完善自我；

（5）团结合作，坚持原则；

（6）爱护公司财务，提倡勤俭节约；

（7）严守公司机密；

(8) 保持环境卫生，注意个人仪表。

2. 公司考勤制度

作为公司的员工，必须严格按公司规定的工作时间出勤。

(1) 每天须按时上下班，并按规定记录考勤。

(2) 因公外出或出差需由部门负责人签字认可。未请部门负责人签字的，视作旷工。旷工一天扣除当月浮动工资的10%或工资总额的1/30，以此累加。

(3) 迟到（早退）10分钟以内，按事假2小时处理；迟到（早退）10分钟以上1小时以内，按事假半天处理；迟到1小时以上，按事假1天处理。每月事假超过公司规定天数，按3天事假等同一天旷工处理。

(4) 连续无故旷工3天，公司将解除接受该学生顶岗实习的约定，并遣返回学院交由学院进行组织纪律处分。

(5) 一般情况不得请事假，特殊情况下，可填写请假单请部门负责人审批，审批后的请假单交人力资源部备案。事假超过3天的，还应经主管领导审批。事假获准后，应在离开工作岗位之前安排好工作。

(6) 请病假须于上班前或不迟于上班后30分钟内通知所在部门的负责人，并于病假后上班的第一天补办正式的请假手续：填写请假单，并附区（县）级以上医院出具的病休证明。

(7) 事假、病假期间，工资与奖金按当月实际出勤率计算。在一个月之内，如果事假超过3天或病假超过5天者，将不能参与当月津贴的分配。

(8) 上班期间如需外出办理公务，应事先向直接上级请示。

3. 工作风纪

(1) 公司鼓励员工间积极沟通交流，但不能因此妨碍工作。因此，办公期间应该坚守岗位，不要随意串岗聊天。需要暂时离开时，应知会同事。

(2) 保持办公室的整齐、干净、卫生是每一位员工的责任。禁止在办公区域进食、吸烟、饮酒，如有发现，按公司规定给予警告、罚款处理。

(3) 办公室是公司办公场所，有公司很重要的财物和信息资料。所有来访的客人必须由邀请人陪同才可进入；接待来访、业务洽谈应在洽谈室或会议室进行。

(4) 不得浪费、损坏公司公物，或将公司公物占为己有消费使用，一经发现给予警告、罚款。

(5) 外出公务或出差必须乘坐公司指定交通工具，并按规定标准住宿。不得乘坐如摩托车、三轮车等非客运机动车。

4. 礼仪仪表

从进入公司上班的第一天起，职工的一言一行就代表着公司，因此，职工工作时保持整洁的外表是十分重要的，应注意遵守下列要求：

（1）工作期间，应保持精神振作、彬彬有礼、高效敏捷。

（2）上班时，应注意衣着整洁、大方、得体。男职员不可留长发，蓄胡须，女职员不可浓妆艳抹。公司有统一着装要求的，按具体着装规定执行。上班期间不得穿短裤、无袖装、超短裙、凉鞋、拖鞋等。

（3）同事间应相互尊重，互帮互爱，语言文明。

（4）对外交往应有礼有节，不卑不亢，礼貌大方，简朴务实。

5. 保密

由于竞争的存在以及对公司的责任，每个员工都有保守公司秘密的义务。这种保密的义务，不限于员工在公司工作的合同期内，无论是退休还是离职后，员工都将承担这种义务。

（1）务必保管好所持有的公司涉密文件。

（2）未经授权或批准，不得对外提供有密机的公司文件或其他未公开的经营状况、财务数据等。

（3）对非本人职权范围内的公司机密，应做到不打听、不猜测、不传播。

（4）如发现了有可能涉密的现象，应立即向有关上级报告。

三、企业学徒学生的工作与学习制度

（1）企业学徒学生在企业指导教师指导下直接上岗从事公司职业岗位工作。岗位工作等同于企业员工，岗位实习学徒不得提出特殊要求。

①企业学徒学生工作期间必须服从部门管理人员、班组长工作安排，严格按照技术规范要求开展职业岗位工作。对工作中不清楚的技术问题，要勤学、勤问、勤练，掌握后再上岗操作，保证工作质量，提高技术水平。

②遵守劳动纪律，反复操作训练，精确操作，提高劳动效率，高效、高质量地完成岗位工作。

③企业学徒学生有权拒绝与职业岗位无关的工作，并积极主动地与指导教师、上级领导反映、沟通。

（2）实习期间，学生采用边工作边学习的工作导向教学与学习方法。学生在已有知识技能的基础上，主要采用以下学习方法：

①作为学徒，在企业指导教师指导下，通过反复工作训练，掌握职业岗位操作技能。学生要多与企业指导教师交流沟通、请教业务技术，注重学习指导教师分析问题、解决处理问题的思维方式，工作经验，公司人际关系等方面的知识。

②充分利用公司业务技术培训的机会，学习业务技术。

③利用业余时间，自学学院提供的技术指导手册、企业技术资料。根据生产中出现的问题，通过各种信息渠道参阅学习相关知识、技术。

④在学习、训练掌握职业岗位业务技术的同时，善于调研分析岗位业务技术，以

及工作中存在的问题，通过研究，能够改进技术或管理程序、提高工作效率。

(3) 学生必须服从学校实习的统一安排，个人不得擅自调换企业和岗位。如确有问题，须向学校指导教师提出申请，经批准后方可调换，否则以实习成绩不及格处理。

四、实习安全

(1) 公司安全教育。公司对岗位实习学徒上岗前进行一次安全教育。

(2) 意外伤害保险。公司为岗位实习学徒购买一份意外伤害保险。

(3) 安全检查。公司定期在顶岗实习前、中、后期进行三次安全检查，重点就生活场所安全、工作场所安全、交通安全、饮食安全、学生日常行为等方面进行全面检查，并开展不定期抽查。

(4) 处罚。

①公司对不注重岗位实习学徒安全的部门限期责令整改，并处以相应的经济处罚。

②公司对不听劝阻严重违反有关安全操作规定的岗位实习学徒，将其送返学院处理。

附录5　园路广场工程施工技术交底内容

一、施工准备

1. 材料准备

准备施工机具、路面基层和面层的铺装材料，以及施工中所需要的其他材料；清理施工现场。

2. 场地放线

根据广场设计图绘制施工坐标方格网，把所有坐标点测设到场地上，并在各坐标点上打桩定点。然后以坐标桩点为基准，根据广场设计图，在场地地面上放出场地的边线，主要地面设施的范围线及挖方区、填方区之间的零点线。

3. 地形复核

对照广场竖向设计图复核场地地形。各坐标点、控制点的自然地坪标高数据有缺漏的，应在现场测量补上。

二、场地处理

场地处理主要是挖方与填方施工、场地整平与找坡以及确定边缘地带的竖向连接方式。

1. 挖方与填方施工

挖、填方工程量较小时，可用人力施工；工程量大时，应进行机械化施工。预留作草坪、花坛和乔灌木种植地的区域，可暂不开挖。水池区域应同时挖到设计深度。填方区的堆填顺序，应是先深后浅；先分层填实深处，再填浅处。每填一层就夯实一层，直到设计的标高处。挖方过程中要把挖出的适宜栽培的肥沃土壤，临时堆放在广场外边，以后再将其填入花坛和草坪、种植地中。

2. 场地整平与找坡

挖、填方工程基本完成后，应对挖、填出的新地面进行整理。要铲平地面，使地面平整度变化控制在 20 mm 以内。根据各坐标桩标明的该点挖填高度数据和设计的坡度数据对场地进行找坡，保证场地内各处地面都基本达到设计的要求。土层松软的局部区域，还要做地基加固处理。

3. 确定边缘地带的竖向连接方式

根据场地周边同建筑、园路、管线等的连接条件，确定边缘地带的竖向连接方式，调整好连接点的地面标高。还要确认地面排水口的位置，调整排水沟底部标高，使广场地面与周围地坪连接更加自然，排水、通道等方面的矛盾降到最低限度。

三、地面施工

1. 基层的施工

按照设计的路面层次结构与做法进行施工，尽量避免广场地面发生不均匀沉降的现象。

2. 面层的施工

采用整体现浇面层的区域，可以把该区域划分成若干规则的地块，每一地块面积在 7 m×9 m 到 9 m×10 m 之间，然后一个地块一个地块地施工。地块与地块之间的缝隙做成伸缩缝，用沥青棉纱等材料填塞。

3. 地面装饰

依照设计的图案、颜色、纹样、装饰材料等进行地面装饰性铺装。

技术负责人：　　　　　交底人：　　　　　交接人：

附录 6　园林铺装技术交底

<table>
<tr><td>工程名称</td><td colspan="3"></td></tr>
<tr><td>单位工程名称</td><td>园林铺装</td><td>分部工程名称</td><td></td></tr>
<tr><td colspan="4">交底内容：
园林铺装主要由道路铺装和广场铺装两大部分组成。
一、场地放样
按照设计图所绘的施工坐标方格网，将所有坐标点测设到场地上并打桩定点。然后以坐标桩点为准，根据园路设计图，在场地地面上放出场地的边线，主要地面设施的范围线和挖方区、填方区之间的零点线。
二、地形复核
对照园路广场竖向设计平面图，复核场地地形，各坐标点、控制点的自然地坪标高数据，有缺漏的要在现场测量补上。
三、土方的开挖
土方的开挖要直到设计的标高处，挖填方工程基本完成后，对挖填出的新地面进行整理。要铲平地面，根据各坐标桩标明的该点填挖高度数据和设计的坡度数据，对场地进行找坡，夯实后保证场地内各处地面都基本达到设计的坡度及标高要求。
四、施工工序
基础压实—级配碎石—砼垫层—干硬性水泥砂浆—石材铺装。
(1)基础压实：场地要平整，找坡，压实度为 93%，要符合设计标高要求。
(2)级配碎石：用人工摊铺碎石，以设计的摊铺厚度，纵横断面符合要求、厚度一致。先用 10～12 t 压路机碾压，碾速宜慢，每分钟为 25～30 m，后轮重叠宽 1/2，沿整修过的路肩一起碾压，往返压两遍，即开始自路面边缘压至中心。碾压一遍后，局部不平处，要去高垫低。碾压至符合标高后，洒少量水花，再继续碾压，至碎石初步稳定无明显位移为止。这个阶段一般需压 3～4 遍。
(3)砼垫层：
①模板要支撑牢固，安装要保证具有足够的稳定性以确保施工中不变形。安装完毕后，仔细检查模板的平顺性和垂直度。标高控制符合要求。
②在完成的基层上定点放线，每 10 m 为一点，根据设计标高，用钢筋插入基础控制成熟面标高。
③复核、检查和确认广场边线和各设计标高点的正确无误后，可进入下道工序。
④在浇筑混凝土稳定前，在干燥的基层上洒水或 1∶3 砂浆。
⑤按设计的材料比例配制、浇筑、捣实混凝土，并用长 1 m 以上的直尺将顶面刮平，顶面稍干一些，再用抹灰砂板抹平至设计标高。施工中要注意做出路面的横坡和纵坡。
⑥混凝土面层施工完成后，应及时开始养护，养护期为 7 d 以上，可用遮阳布及塑料皮覆盖在路面上进行养护。
(4)干硬性水泥砂浆—石材铺装：
①先将石板块背面刷干净，铺贴时保持湿润。
②根据水平线、中心线(十字线)，按预排编号铺好每一区域左右两侧标准行(封路)后，再进行拉线铺贴。
③铺贴前应先将基层浇水湿润，再用干硬性水泥砂浆，水泥砂浆应随铺随放，并不得有风干现象。
(5)铺设要求：石材铺设后的标高要符合设计要求，平整，齐缝，节点平滑，倒角圆晕。
(6)成品保护：成立工地成品保护小组，全面负责并组织实施工地的成品保护制度，加强成品保护教育。</td></tr>
</table>